站在巨人的肩上

Standing on Shoulders of Giants

www.ituring.com.cn

站在巨人的肩上

Standing on Shoulders of Giants

www.ituring.com.cn

TURING 图灵程序设计丛书

CoffeeScript
Accelerated JavaScript Development

深入浅出CoffeeScript

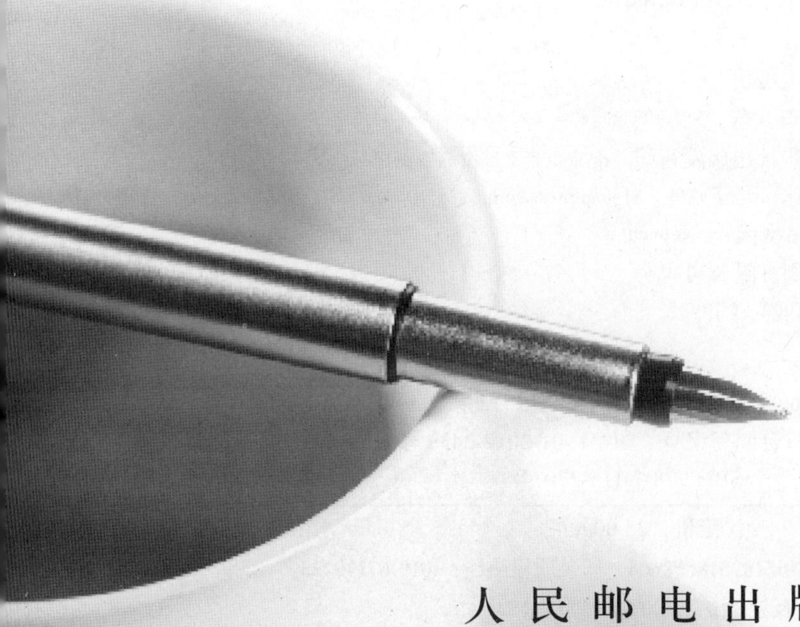

[英] Trevor Burnham 著
寸志 译

人民邮电出版社
北京

图书在版编目（CIP）数据

深入浅出CoffeeScript / (英) 伯纳姆
(Burnham,T.) 著 ; 寸志译. -- 北京 : 人民邮电出版社，
2012.5
（图灵程序设计丛书）
书名原文: CoffeeScript: Accelerated JavaScript
Development
ISBN 978-7-115-27974-3

Ⅰ. ①深… Ⅱ. ①伯… ②寸… Ⅲ. ①JAVA语言—程
序设计 Ⅳ. ①TP312

中国版本图书馆CIP数据核字(2012)第065297号

内 容 提 要

CoffeeScript 是一门新语言，是 JavaScript 预编译器。由它生成的 JavaScript 代码能兼容所有浏览器环境，可读性更强、更优雅。本书通过一个贯穿全书的小游戏，从基础知识讲起，全面透彻地介绍了 CoffeeScript，并展示了它与 jQuery 与 Node 如何搭配运行。

本书适合 Web 开发人员及对 CoffeeScript 感兴趣的读者。

图灵程序设计丛书

深入浅出CoffeeScript

◆ 著　　　[英] Trevor Burnham
　译　　　寸　志
　责任编辑　毛倩倩
　执行编辑　李　鑫　刘美英

◆ 人民邮电出版社出版发行　　北京市崇文区夕照寺街14号
　邮编　100061　　电子邮件　315@ptpress.com.cn
　网址　http://www.ptpress.com.cn
　北京艺辉印刷有限公司印刷

◆ 开本：800×1000　1/16
　印张：7.5
　字数：178千字　　　2012年 5 月第 1 版
　印数：1－4 000册　　2012年 5 月北京第 1 次印刷

著作权合同登记号　图字：01-2012-2439 号

ISBN 978-7-115-27974-3

定价：35.00元

读者服务热线：(010)51095186转604　印装质量热线：(010)67129223

反盗版热线：(010)67171154

版 权 声 明

本书赞誉

“就如CoffeeScript本身一样，Trevor单刀直入，为你指出CoffeeScript的优点，教你如何编写简洁明了的CoffeeScript代码。”

——Scott Leberknight，Near Infinity公司首席架构师

“尽管CoffeeScript还是一门新语言，但它几乎无处不在。这本书将为你展示CoffeeScript到底有多么强大和有趣。”

——Stan Angeloff，PSP Web Technologies，保加利亚地区总经理

“CoffeeScript可能会成为Web程序开发领域最伟大的革新之一。自从我第一次发现它就再没写过一行纯粹的JavaScript代码。希望读者读完这本精彩的书后也能有相同的感悟。”

——Nic Williams博士，Mocra公司CEO/创始人

“本书是极佳的CoffeeScript入门指南，它出自CoffeeScript社区最有威望的成员之一。无论你是前端工程师还是后端开发人员，本书都将助你在短时间内熟悉CoffeeScript。本书实为CoffeeScript开发者必备！”

——Sam Stephenson，JavaScript框架Prototype创始人

“Trevor将语言概述和真实例子结合得非常完美，可想而知我为什么会把CoffeeScript当成iOS、Android和WebOS移动开发的秘密武器了。”

——Wynn Netherland，Changelog共同创办人

“快快准备好，跟着Trevor Burnham享受这从JavaScript到CoffeeScript的旅行，再一次体会Web开发的乐趣吧！”

——Javier Collado，Canonical有限责任公司自动化测试工程师

译 者 序

CoffeeScript金科玉律："它只是JavaScript！"

——coffeescript.org

CoffeeScript之父Jeremy Ashkenas在Twitter上有个很好笑的段子。

他说："我非常想知道在GitHire上有多少人有5年CoffeeScript经验，很显然我有很多地方需要向他们请教。"

有人答道："就是，这些人大概是在一边煮咖啡，一边写脚本。"

的确，与Python或Ruby相比，CoffeeScript非常年轻，到现在才两年出头的时间。

还清楚地记得，我是在了解Zombie.js时第一次接触到CoffeeScript。Zombie.js是一个用于客户端JavaScript测试的轻型框架，在查看Zombie.js的源码时（http://zombie.labnotes.org/source/），我就被CoffeeScript的优雅和对应的漂亮文档所吸引了。

谁说使用CoffeeScript不是如边煮咖啡边写脚本一样怡然自得呢？真的，这东西很酷！

CoffeeScript之于JavaScript，就如Less或Sass之于CSS。它吸收了JavaScript语言的精华，并且添加了很多现代脚本语言（Python和Ruby等）所具有的特性，比如列表解析、字符串插值、参数列、吸收操作符等。我想CoffeeScript就是大师Douglas Crockford所想要的那种JavaScript子集（如他在《JavaScript语言精粹》的第10章中所说："精简的JavaScript不是一个严格的子集，我添加了少许特性……"）。它能够减少三分之一以上的代码量，但由它得到的JavaScript代码去除了语言怪癖，能够兼容所有引擎环境！CoffeeScript编译生成的JavaScript代码可读性很强，而且优雅程度不亚于直接写出的JavaScript代码，你甚至能看到JavaScript在各方面的最佳实践。

虽然CoffeeScript非常年轻，但因为Rails 3.1的直接集成和在Node.js开发方面的天然优势，CoffeeScript在很多方面都有了应用，比方说之前提到的浏览器模拟器Zombie.js，还有基于Express的高级Node.js开发框架Zappa，甚至使用CoffeeScript写成的PSD文件解析器psd.js（http://meltingice.github.com/psd.js/）。

但无论CoffeeScript如何优秀和使用广泛，总之要记住它的金科玉律："它只是JavaScript!"

这句话是本书的精髓。作者Trevor Burnham通过一个贯穿全书的5 × 5拼字游戏，从基础开始，将CoffeeScript各方面的知识讲解得通俗易懂，如何与jQuery这类非常流行的类库完美集成，如何游刃有余地结合Socket.IO实现Node.js双通道异步通信。JavaScript能做的事情，CoffeeScript也可以，而且做起来更快、更优雅！

想要站在JavaScript开发和Web开发的最前沿吗？这本书正好适合你！

感谢图灵公司引进本书，并给了我翻译的机会。感谢傅志红老师、李松峰老师和李鑫老师，在翻译过程中给予我诸多帮助和鼓励。感谢图灵社区的朋友，他们在阅读样章之后给了我很多反馈。感谢大众点评网尤其是前端团队在翻译过程中对我的理解和支持。感谢Jeremy Ashkenas设计了这门优雅的语言，还要感谢本书作者Trevor Burnham耐心为我解答原文中我不懂的地方。

最后还要感谢我的爸爸、妈妈和女友吴竞男，谢谢你们的支持和理解。尤其是小吴，算是我译稿的第一个读者，谢谢你的诸多批评和建议。

寸志
2012年2月27日

序　言

JavaScript生而自由，但直到现在，它依然处处受到制约。

它从来都不是一门好用的编程语言：运行速度非常慢，在不同的浏览器中有不同的怪异实现，20世纪90年代后期它就牢牢定格在了犹如琥珀般的时间标本里。也许你曾经使用它来实现过下拉菜单或者可排序列表，但是你可能并不享受这样的经历。

我们是幸运的，如今的JavaScript正享受着一场当之无愧的复兴。由于各浏览器厂商的不懈努力，目前它已成为速度最快的主流动态语言。从服务器端到Photoshop，它无处不在，并且它是唯一一门可以在Web各个层面使用的编程语言。

CoffeeScript非常小巧，它的设计初衷就是让开发者更方便地使用JavaScript的精华部分：第一流的函数、类哈希对象，甚至还有被误解颇深的原型链。如果没什么问题的话，你最多只需要写三分之二的代码量，就能生成和原来一样多的JavaScript代码。

CoffeeScript很重视代码的可读性以及消除语法混乱。同时，CoffeeScript与JavaScript之间保持了一对一的关系，这就意味着应该不存在性能耗损的问题。事实上，由于编译器的一些优化，很多JavaScript类库在移植到CoffeeScript之后反而运行得更快了。

选中本书是你的幸运。自从项目早期以来，Trevor就满腔热情地为CoffeeScript作出贡献，没有人能比他更了解这门语言的细枝末节，以及这门语言的特性和疏漏背后的争论史。本书是专家亲临上阵的CoffeeScript入门指导。

我敢肯定，CoffeeScript肯定会造就几个项目，我迫不及待地想听到与此相关的令人振奋的消息——天知道呢——你可能会受此启发创造出一个属于自己的小语言。

Jeremy Ashkenas，CoffeeScript之父

2011年4月

前　言

从来没有人认为JavaScript会成为世界上最重要的语言。它从Scheme和Self那里借鉴设计思想，揉合了C语言的代码风格，在十天之内就被临时拼凑了出来。以至于它的名字也是一个令人尴尬的组合——它和另一个几乎没有任何共同之处的语言[①]（除少数几个关键字之外）联系到了一起[②]。但JavaScript一经推出就势不可挡。它作为唯一所有主流浏览器都支持的脚本语言，很快便成为了Web开发领域的“世界语”。而在21世纪初期，随着Ajax[③]技术的风靡，起初仅为网页做些小点缀、微不足道的JavaScript，瞬间作为富应用程序开发语言而羽翼丰满起来。

随着JavaScript的走红，不满之声也从四面八方涌来。有人指责它有大量的语言“怪癖”[④]及各种浏览器间实现不一致的问题。其他人则抱怨它缺乏类和继承的特性。而那些刚刚从Ruby或Python入门编程的新人也不太喜欢JavaScript，觉得使用它纷杂的大括号、圆括号以及分号阻碍了他们施展拳脚。

有几个敢于冒险的家伙做了一些Web应用开发框架，使用这些框架可以把其他语言写的代码编译为JavaScript。比较著名的有Google的GWT和280 North公司的Objective-J。但是，没有几个程序员愿意在浏览器和他们之间架上一个厚重的抽象层。他们情愿继续小心翼翼地处理着JavaScript的各种缺陷，委屈求全于它的“精华部分”（也就是Douglas Crockford[⑤]在2008年出版的《JavaScript语言精粹》中描述的那些特性）。

直到现在依然如此。

镇上来的新小伙

2009年圣诞节，Jeremy Ashkenas首次发布了CoffeeScript语言，他称之为“JavaScript那不怎

① 这里指的是Java。JavaScript原名叫LiveScript，当时Java比较时髦，且网景公司正和Sun公司（Java拥有者）宣布合作，为搭上顺风车，故将LiveScript更名为JavaScript。但事实上Java与JavaScript是两个差别很大的编程语言。——译者注

② 参阅《编程人生》（*Coders At Work*）中Peter Seibel对JavaScript之父Brendan Eich的采访。

③ 参阅http://www.adaptivepath.com/ideas/ajax-new-approach-web-applications，这篇文章首次使用词语Ajax介绍该技术。——译者注

④ http://wtfjs.com/，一个专门收集JavaScript“怪癖”的网站。

⑤ Douglas Crockford，JavaScript开发社区教父，畅销书《JavaScript语言精粹》（*JavaScript: The Good Parts*）的作者。JavaScript程序员把该书奉为圣经，遵循上面的原则来开发JavaScript程序。——译者注

么惹人注目的小兄弟”。每个月，Ashkenas和其他人都会给CoffeeScript添加大量的新特性，很快，该项目便在GitHub[①]上吸引了成百上千的关注者。2010年3月，原本使用Ruby编写的CoffeeScript编译器，也由CoffeeScript重写的版本替代了。

2010年圣诞节CoffeeScript发布1.0版，成为GitHub上最受关注的项目之一。

2011年4月，当David Heinemeier Hansson[②]证实了有关于在Ruby on Rails 3.1中将支持CoffeeScript的传言时，CoffeeScript又受到了一波关注。

为何CoffeeScript流行得如此之快？我想有3个原因——它的熟悉度、安全性和可读性。

取其精华

JavaScript庞杂而无所不包。在提供众多优秀的函数式语言特性的同时，它还保留了命令式语言的风格。JavaScript这种微妙而强大的功能恰恰会让初学者倍感挫折：函数可以作为传递的参数，也可以作为函数的返回值，任何时候都可以给对象添加新的方法——一言以蔽之，在JavaScript中，*函数是第一级对象*。

CoffeeScript中保留了这些优良的特性，此外，它还提供了一套语法糖，以便开发者更好地使用它们。

编译优化

想象一下，如果有这么一门编程语言，它没有语法错误，且能让计算机忽略拼写错误的同时还竭力理解你的代码，那这世界该多美好啊！当然了，程序并不会总像开发者所期望的那样运行，但这也正是测试工作的意义所在。

现在再想象一下，你草草地把一次性写好的代码发布出来（其中包含拼写错误），全世界数不清的机器以它们略有不同的方式处理着你的小错误。突然之间，电脑忽略的那些语句直接宕掉了成千上万人使用的应用程序。

令人懊恼的是，现实世界就是这样。JavaScript没有标准的解释器，而数以百计的浏览器和服务器端框架都以各自的标准运行JavaScript。跨平台的不兼容问题让程序员们头痛不已。

当然，CoffeeScript并不能解决所有问题，但是其编译器尽力确保输出的JavaScript代码符合Lint[③]标准，该标准可以过滤掉常见的人为错误和不规范的惯用句法。当你输入2=3或者类似的毫无意义的代码时，CoffeeScript编译器就会主动提醒你——错误越早发现越好。

代码精简

写CoffeeScript很容易上瘾，为什么？请看下面这段JavaScript代码：

---

① 是一个基于互联网的存取服务，用于使用Git版本控制系统的软件开发项目。GitHub是当今最流行的Git存取站点。——译者注

② 37signals公司合伙人，Ruby on Rails之父。——译者注

③ http://www.javascriptlint.com/：JavaScript验证器。

```
function cube(num) {
  return Math.pow(num, 3);
}
var list = [1, 2, 3, 4, 5];
var cubedList = [];
for (var i = 0; i < list.length; i++) {
  cubedList.push(cube(list[i]));
}
```

再看下面这段实现同样功能的CoffeeScript：

```
cube = (num) -> Math.pow num, 3
list = [1, 2, 3, 4, 5]
cubedList = (cube num for num in list)
```

仔细观察就会发现，这段代码的字符数缩减了一半，代码行数减少了一半还多！类似这样的好处在CoffeeScript中随处可见。正如Paul Graham[①]所说："简洁就是力量！"[②]

简短的代码易于编写和阅读，更关键的是易于修改。代码越长就越麻烦，因为任何显著的改动都需要花费大力气。而短小精悍的代码块只需要敲两下键盘就能改好，并且还能促成一种更加敏捷、快速迭代的开发风格。

值得一提的是，切换到CoffeeScript并不是一个"非此即彼"的命题——JavaScript和CoffeeScript的代码还是可以自由地互相融合。CoffeeScript中的字符串和数字与JavaScript中的没什么不同；甚至于像Backbone.js[③]这样的JavaScript框架中的自定义类也能在CoffeeScript中运行。所以不必担心在CoffeeScript中调用JavaScript代码会出现什么问题，反之亦然。我们将在第5章讨论如何将CoffeeScript与JavaScript最流行的框架jQuery一起使用。

在CoffeeScript中嵌入JavaScript代码

还应该在这里提一下如何将JavaScript代码嵌入到CoffeeScript代码中。如下所示，使用反引号"`"包裹要嵌入的JavaScript代码即可：

```
console.log `impatient ? useBackticks() :learnCoffeeScript()`
```

CoffeeScript编译器会直接忽略掉反引号里的内容，这也就是说，比如你在反引号内声明一个变量，该变量并不受CoffeeScript作用域规则的约束。

在写CoffeeScript的时候，我没有一次需要使用反引号。毕竟，这种方式看不顺眼还好，怕的是搞不好就会出错。借用Troy McClure的金玉良言："知道它怎么回事了吧——最好别用。"[④]

故事就讲到这里，动手编代码才是真功夫，其他的只是等同于meta（即谈论代码编写），Jeff

① 美国著名程序员、风险投资家、博客和技术作家，著名创业投资公司Y Combinator创始人之一，《黑客与画家》作者。——译者注

② http://www.paulgraham.com/power.html：简洁就是力量。

③ http://documentcloud.github.com/backbone/：一个非常流行的用来开发Web应用的JavaScript MVC框架。

④ 出自美国著名动画情景喜剧《辛普森一家》，Troy McClure是该剧中的一个虚构人物。——译者注

Atwood曾说过："过多的meta就是谋杀。"[1]所以让我们再花那么一点点的篇幅来介绍下你手上这本书（我保证就只有几页了），然后我们就要开始噼噼啪啪地敲出些"热乎乎"的代码了。

目标读者

如果你对学习CoffeeScript感兴趣，那本书正好适合你！然而，由于CoffeeScript和JavaScript有着千丝万缕的联系，所以实际上本书贯穿了两种语言——但没有足够的篇幅把这两种语言都教给你。因此，笔者假定你在阅读本书之前已经对JavaScript有所了解了。

当然你不必是John Resig一样的"JavaScript Ninia"（JavaScript忍者）[2]。事实上，如果你只是个JavaScript业余爱好者那就太好了！通读本书会让你学到很多JavaScript知识。查看脚注给出的链接，就能找到我推荐的其他资源。如果你是编程新手，绝对应该先看看*Eloquent JavaScript*[3]，网上也有一个可以互动的版本。如果你已经有所涉猎，但想更专业点儿，那就读读JavaScript Garden[4]。如果你想要一个全面的参考，那没有比Mozilla Developer Network[5]（Mozilla开发者社区）更适合你的了。

本书会提到很多Ruby的知识。CoffeeScript中诸多优秀的特性都是从Ruby那里来的，比如说隐式返回值、参数列以及`if/unless`修饰符等。同时也多亏了Rails 3.1，CoffeeScript在Ruby使用者中也有了大量的粉丝。所以，如果你是个Ruby爱好者，那非常棒，你已经先人一步了。如果不是，也别担心，看过一些例子，你就能轻松上手。

如果对本书有任何不清楚的地方，笔者建议你到本书的论坛[6]上去提问。尽管笔者尽力做到意思清晰，但计算机才是唯一能完全、直接地理解编程语言的东西——但它们不需要买什么书。

本书结构

我们将从挖掘编译和运行CoffeeScript代码的多种方式开始我们的CoffeeScript之旅。接下来我们会深入了解CoffeeScript的语言细节。每章都会介绍一些概念和规则，把它们结合到贯穿本书的示例项目中去（下一节将做详细介绍）。

要想掌握CoffeeScript，必须了解它与JavaScript领域的其他技术结合在一起如何运行。因此在介绍完语言的基础知识之后，我们将简单地了解下jQuery和Node.js。前者是最流行的JavaScript框架，后者则是一个令人兴奋的新项目——能够让JavaScript在浏览器之外运行！我们不会深入介绍这两个工具，主要看一下它们与CoffeeScript结合使用时的绝佳搭配。将它们的力量结合在一起，

---

① http://www.codinghorror.com/blog/2009/07/meta-is-murder.html：《就事论事就是谋杀》。

② John Resig，jQuery之父，"JavaScript Ninja"引自他即将出版的书*Secrets of the JavaScript Ninja*，该书深刻探讨了JavaScript不为人知的一面，是大牛John Resig的又一力作。——译者注

③ http://eloquentjavascript.net/

④ http://javascriptgarden.info/

⑤ https://developer.mozilla.org/en/JavaScript/Guide

⑥ http://forums.pragprog.com/forums/169

短短几个小时内就能写出一个完整的多人游戏来。

另外，不管处于什么水平，你都需要确保自己完成每章后面的习题。它们虽然简单但也有一定的挑战性，旨在帮助你了解一些令CoffeeScript程序员防不胜防的陷阱。试着自己把它们做完，之后可参阅附录A中的习题答案。

本书的示例代码、勘误表和讨论区都可以在PragProg相关页面找到：http://pragprog.com/titles/tbcoffee/coffeescript。

关于范例游戏：5×5

每章的最后部分，我们会把新的概念应用于一个自创的名为5 × 5的拼字游戏之中。顾名思义，5 × 5游戏在一个5 × 5的网格上进行。游戏开始时每个小格子里会有一个随机的字母，然后玩家轮流交换方格中的字母，每一次交换之后为所有形成的单词打分（通常，每个移动的小格子可与周围的格子形成4个新的单词：横排一个、竖排一个以及两条对角线上的两个——只把从左到右方向上的单词算在内）[①]，如图1所示。

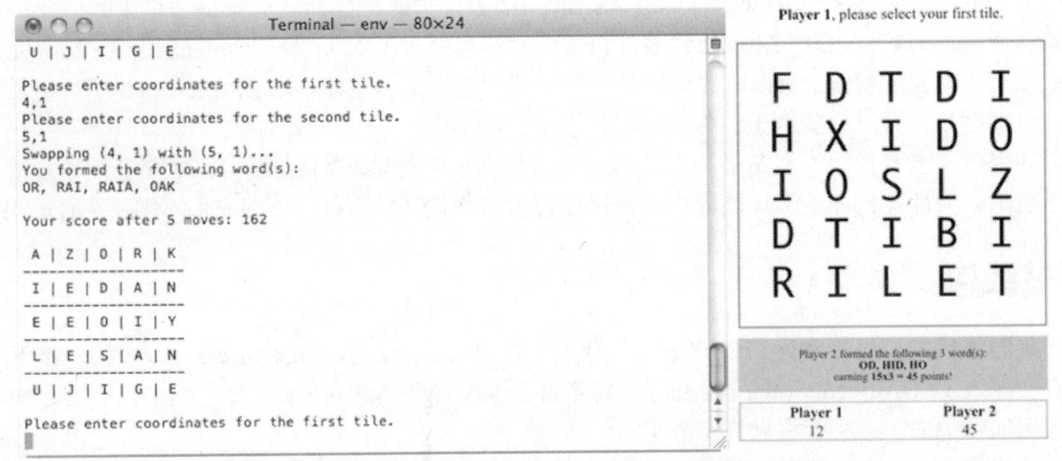

图1　命令行版和Web版5 × 5游戏，它们共用一份逻辑层处理代码

记分规则是以组成单词的那些字母在Scrabble[②]游戏中的点值叠加为基础，再乘以形成的不相同的单词的个数。因此，拿最好的情况来说，一次交换形成8个不同的单词，则每个单词的分数就都乘以8。已经在之前游戏中使用过的单词则不计算在内。

---

① 依据本书中5 × 5游戏的有效单词判断规则来看，每个方向至多不止形成一个单词，因此这里的表述有误，包括后面的“拿最好的情况来说，一次交换形成8个不同的单词……”也有误，最好情况也不止8个单词。——译者注

② Scrabble是西方流行的英语文字图版游戏，该游戏不同字母有不同分数，是根据在标准书写英语中出现频率计算的，本书范例游戏5 × 5也采用这种计分规则。——译者注

我们将在第2～4章中创建该游戏的命令行版本，然后在第5章将其移植到浏览器端；最后在第6章最终实现多人游戏的功能。你会发现从命令行移植到浏览器再到服务器上是如此容易——因为它们用的是同一种语言CoffeeScript。

CoffeeScript 社区

一门伟大的语言少不了强大社区的支持。如果你遇到了问题，该到哪里求助呢？

到StackOverflow[①]上提问是个很好的办法（记得给你的问题打上`coffeescript`标签），附上困扰你的代码将会更加有效。如果想更快得到答案，通常可以到Freenode IRC[②]的`#coffeescript`频道找些友善的家伙问问。要是想讨论关于CoffeeScript杂七杂八的事情，试试谷歌小组。对于更为严肃的问题，比如说可能存在的bug，可以把它提交到GitHub上[③]。你也可以在那儿对新的语言特性提出要求。CoffeeScript还在不断的完善之中，开发团队欢迎任何形式的反馈。

说到文档，你或许已经在http://coffeescript.org上看到过漂亮的官方文档了。还有一份官方的wiki，网址为http://github.com/jashkenas/coffee-script/wiki。当然现在也包括你手上这本书。

如何联系我？我在Twitter上有@CoffeeScript账号，大家可以@我；也可以通过一种比较怀旧的方式——给我发邮件，我的邮箱：trevorburnham@gmail.com。

激动人心的Web开发之旅就要开始了，欢迎加入！

① http://stackoverflow.com，一个非常流行的程序员问答社区，由被奉为“程序员部落酋长”的Joel Spolsky（《软件随想录》作者）创建。

② Freenode IRC 是专为开源和自由软件社区开设的传统聊天室，大家遇到问题时，可以到这里请教高手，问题将即时得到解答。——译者注

③ http://github.com/jashkenas/coffee-script/issues

致　谢

CoffeeScript是一门新语言，但是它从一开始就吸引了各种各样热情备至的关注者，其数量令开发者始料未及。这些不可思议的力量来自在IRC、GitHub、Hacker News、博客、Twitter以及其他地方，是我撰写本书的强大动力。我向在CoffeeScript发展初期热情期待它的每个人表示感谢。

当然，我要感谢Jeremy Ashkenas创造了这门语言，他还非常慷慨地为本书作了序。CoffeeScript不可能找到比他更好的BDFL[1]了。同样也要感谢CoffeeScript的其他贡献者，由于他们的名字太多，我就不在此一一列举了[2]。

感谢诸位技术评审——任何遗留的错误绝对都是“我的不对”。Javier Collado、Kevin Gisi、Darcy Laycock、Scott Leberknight、Sam Stephenson、Travis Swicegood、Federico Tomassetti、Stefan Turalski和Nic Williams博士给予我大量非常实用的反馈。尤其感谢Jeremy Ashkenas和Michael Ficarra，他们是CoffeeScript项目的核心贡献者，两位从百忙之中抽出时间给我讲解了这门语言的很多细节。还要感谢JavaScript之父Brendan Eich，他温文尔雅，为本书多处指点迷津。

感谢Pragmatic Bookshelf的编辑们。首先也是最应该感谢的是Michael Swaine，你能做本书的编辑让我深感自豪。也要感谢主编Susannah Pfalzer以及Dave Thomas和Andy Hunt两位贵人，这本书出自一个名不见经传的作者之手，写了一个几乎无人知晓的语言，但他们依然冒险将它出版了。

最后，还要感谢我的父母Scott Burnham和Teresa Burnham。他们对我的支持以及为我做出的典范，有不可估量的价值。

① BDFL是Benevolent Dictator For Life的缩写，译作“仁慈的独裁者”。此处的意思是在CoffeeScript开发过程中，Jeremy Ashkenas在必要时或者是在争论不休的时候可以作出最终的决定。——译者注

② https://github.com/jashkenas/coffee-script/contributors

目　录

第 1 章 入门指南

如果你读过前言，那么现在应该已经了解了CoffeeScript是什么，它从何而来，以及它为什么是继Herman Miller牌办公椅之后，对程序员来说最棒的东西了。但是实际上你还没写过一行代码，等不及了是吧？

好，深呼吸下，时候到了。在本章中，我们将在你的操作系统中安装CoffeeScript，配置好编辑器，最后再运行一些代码！

1.1 安装 CoffeeScript

CoffeeScript编译器是用CoffeeScript写成的，这就产生了一个先有鸡还是先有蛋的问题：我们是如何在一个还没装CoffeeScript编译器的系统上运行编译器的呢？如果能找到某种方法，在机器上浏览器之外运行JavaScript代码，且允许这些代码访问本地文件系统就好了……

对，其实我们有Node.js！大家把Node当成一个JavaScript的Web服务器（详见6.1节），但是它可不止这个功能。从根本上讲，它是JavaScript代码和操作系统之间的一个桥梁。Node也有一个名为npm的很棒的工具，即Node包管理器（Node Package Manager）[①]。如果你是Ruby程序员，可以将其想象为Node版的RubyGems[②]。npm已经成为安装管理Node程序和类库约定俗成的标准了。

本节的剩余内容讲述Node和npm的安装，有了它们，我们就能够使用CoffeeScript标准的coffee编译器了（我们在第6章同样需要使用Node和npm）。如果你迫不及待地想要实践一下的话，可以访问http://coffeescript.org/，点击“Try CoffeeScript”按钮，然后直接跳到下一章去（要在浏览器中显示console输出，需要某些工具，比如说Fire Lite[③]）。

准备好了？那我们就开始吧。

---

① http://npmjs.org/

② RubyGems是Ruby标准的第三方类库进行发布管理的软件。——译者注

③ http://getfirebug.com/firebuglite

使用 Node.js 和 npm 安装 CoffeeScript

尽管有很多不借助Node来运行CoffeeScript代码的方法（附录2会谈到其中几种），然而我还是假定你在全书中用的是标准的coffee命令，专门运行在Node上的。但是只有在第6章才会明确需要使用Node和npm。

请注意，使用Windows系统的用户，在继续之前你需要先安装Cygwin[①]。Cygwin基本上相当于一个Linux模拟器。虽然Node.js在0.6版本的蓝图中计划直接支持Windows，但是在写作本书之时，使用Cygwin是现有的最可靠的方法。

Mac用户需要安装Xcode[②]，重点并不在于这个程序，而在于那些随它一起安装的命令行开发工具。尝试运行命令gcc（GNU编译器集合）来检测系统中是否已经安装了这些工具：

```
$ gcc
i686-apple-darwin10-gcc-4.2.1: no input files
```

如果输出如上所示，那就说明准备就绪了。如果没有的话，那么就请安装Xcode（Mac用户），或者直接安装标准创建工具（Linux或者Cygwin环境下）。

无论是什么系统（Linux/Unix/Mac），现在都配置好标准创建工具了吧？太棒了！现在去访问http://gist.github.com/579814，此处列出的安装方法之多会让你眼花缭乱，它们都出自npm的创建者Isaac Schlueter。对于所有Mac用户，我推荐使用Homebrew[③]方法（先安装Homebrew）。对于其他系统的用户，列表中的第一个选择则最为直接，也是最好的方式。Node是个很大的程序包，安装它需要花几分钟。

安装好Node之后，运行最新的npm远程安装脚本：

```
$ curl http://npmjs.org/install.sh | sh
```

如果你碰到权限错误，可以使用chown[④]改变Node安装目录的属权（该方法可以减少很多麻烦），也可用sudo sh[⑤]替换普通sh。

无论选择哪种方法，都要测试一下node和npm是否已经存在于系统的环境变量PATH中了：

```
$ node -v
v0.4.8
$ npm -v
1.0.13
```

（简单的提一下与版本相关的事情：Node的版本号为偶数时API保持稳定。因此，本书的例子在最新的0.4.x版本下应该运行正常。但是Node 0.5.x版则会以API的变化为重点，而这些变化将

---

① 安装Cygwin可参考http://www.cygwin.com/，Node.js最新的主页上提供了一个Node.js installer（V0.6.14），无须安装Cygwin即可在Windows安装原生的Node.js和npm，安装好后，添加到PATH即可。——译者注

② http://developer.apple.com/xcode/

③ http://github.com/mxcl/homebrew

④ chown，在Unix或Linux系统中修改文件属权的命令。——译者注

⑤ 在这里指有root权限的shell（终端）。——译者注

会包含到0.6.x稳定版中。说到npm，本书中假定你使用的是npm 1.x。因此，如果你还在使用npm 0.x，是时候升级了。）

现在抓取最新发布的CoffeeScript：

```
$ npm install -g coffee-script
/usr/local/bin/cake -> /usr/local/lib/node_modules/coffee-script/bin/cake
/usr/local/bin/coffee -> /usr/local/lib/node_modules/coffee-script/bin/coffee
```

参数-g是--global的缩写，它使已安装好的库在全局系统中都可用（默认情况下，npm install [package]把指定的程序包安装到当前的子目录node_module中，这样便于安装只适用于特定项目的类库）。只要是安装那些包含二进制可执行程序的程序包，我都推荐使用-g参数。

npm install命令的输出结果告诉我们，作为安装包的一部分，两个二进制可执行程序cake和coffee已安装好了。让我们测试下coffee是否已经在系统的PATH[1]中了：

```
$ coffee -v
CoffeeScript version 1.1.1
```

如果这样不行，那就看一下npm install输出结果中->符号之前的路径（例如/usr/local/bin），然后把它添加到系统的PATH中去。如果使用的是Mac默认bash终端的话，在你的~/.profile文件中添加下面这行代码即可：

```
export PATH=/usr/local/bin:$PATH
```

注意不要遗漏:$PATH这部分，否则/usr/local/bin会直接替换掉系统的PATH变量，而不是将自己添加到里面！要让这行代码生效，需要保存好文件并且开启一个新的会话终端（比方说，把老的终端关掉打开一个新的）。

如果使用的是其他系统或终端，步骤可能会略有不同，可以输入echo $SHELL搞清楚你使用的是哪个终端。不要忘了在修改完文件之后重新打开会话终端，以便修改生效。

最后一步：就像要想在任何地方都能够使用二进制程序就必须把它们放到PATH中一样，npm安装的Node类库也必须添加到NODE_PATH中。可以输入如下命令查看Node安装类库的位置：

```
$ npm ls -g
/usr/local/lib
```

（该命令同时还列出了npm全局安装的所有类库。去掉-g就可以看到安装在当前目录下的所有类库。）我们需要把该路径下的子目录node_module添加到NODE_PATH中。在笔者的系统中，就是将如下内容添加到~/.profile文件中：

```
export NODE_PATH=/usr/local/lib/node_modules
```

同样，你的系统上需要采取的操作步骤可能会有所不同。要测试NODE_PATH是否有效，打开一个新的会话终端输入命令node，即可打开Node.js的REPL[2]——一个交互式命令运行环境。接着

① 系统环境变量。——译者注

② REPL是Read-Eval-Print Loop的缩写，指一种简单的交互式计算机编程环境。——译者注

输入：

```
> require('coffee-script')
```

我保证，这是本书中唯一一行你需要输入的JavaScript代码！

如果NODE_PATH设置得不正确，会看到一个Error: Cannot find module 'coffee-script'的错误提示。如果只是看到一段很长的对象描述，那就没有问题了。完成后，可以输入process.exit()或者使用Ctrl－c来退出Node的REPL。

顺便说一下，coffee-script库已经超出了本书的范围；我能说的就是，在CoffeeScript或JavaScript程序中，它能让你把CoffeeScript编译成JavaScript。你可以基于此做一些非常酷的事情，比方说你可以自己写一个包含自定义后期处理[①]的编译器，或者可以写一个像Cakefile[②]那样的打包脚本。

嘿！我知道安装过程似乎花了很多时间，不过请相信我，既然我们获得了为自己所用的Node和npm的全部能力，那付出终将获得回报。现在让我们来配置下编辑环境吧。

在刀锋上起舞

如果你一定要用最新的CoffeeScript，这实际上也非常容易。只需要使用git[③]把CoffeeScript的代码仓库[④]克隆下来，然后使用npm从本地目录中安装它即可：

```
$ git clone http://github.com/jashkenas/coffee-script.git
$ cd coffee-script
$ npm install -g
```

这将安装CoffeeScript当前的master分支，它多少有点不稳定。可以运行如下命令来还原到特定版本的CoffeeScript（比如说1.1.1）：

```
$ npm install -g coffee-script@1.1.1
```

1.2 CoffeeScript 编辑器

在https://github.com/jashkenas/coffee-script/wiki/Text-editor-plugins上可以找到一份最新的支持CoffeeScript的编辑器列表。如果你使用的是Mac系统，那我推荐使用由Jeremy Ashkenas维护的TextMate插件[⑤]。在撰写本书时，Vim、Emacs、gedit、jEdit以及IntelliJ IDEA也分别有插件提供了

① https://github.com/jashkenas/coffee-script/wiki/%5BExtensibility%5D-Hooking-into-the-Command-Line-Compiler

② https://github.com/jashkenas/coffee-script/wiki/%5BHowTo%5D-Compiling-and-Setting-Up-Build-Tools

③ git是一种版本控制软件，最初用于管理Linux内核的开发。与常用的版本控制工具CVS、Subversion等不同，git采用分布式的版本库方式，速度快，使源码的发布和交流及其方便。——译者注

④ 可访问https://github.com/jashkenas/coffee-script获取。——译者注

⑤ http://github.com/jashkenas/coffee-script-tmbundle

对CoffeeScript的支持。

最近，使用基于Web的编辑器编写代码已成为可能，这些编辑器支持实时协作，不依赖于任何特殊的设备。目前对CoffeeScript支持得最好的Web编辑器是安装了Cloud9 Live CoffeeScript Extension①的Could9。

当然，你可以使用任何自己喜欢的编辑器，但是支持CoffeeScript的编辑器会给你带来3大优势——语法高亮、自动缩进以及内置的编译快捷方式。前两个优点理解起来很容易，但是第三个优点是很多程序员没有好好利用的部分。

在TextMate中，可以使用⌘R（运行）来运行CoffeeScript文件，或者只用⌘B（生成）来查看编译后的JavaScript。编译只需几毫秒，因此如果对于一个CoffeeScript表达式如何转化为JavaScript不是很确定，那么快速编译就是搞清楚这一过程的最快方法。如果有被选中的文本，则这些命令仅仅运行选中部分的代码而不是整个文件，这就让测试小块代码以及定位语法错误变得容易多了。如图2所示

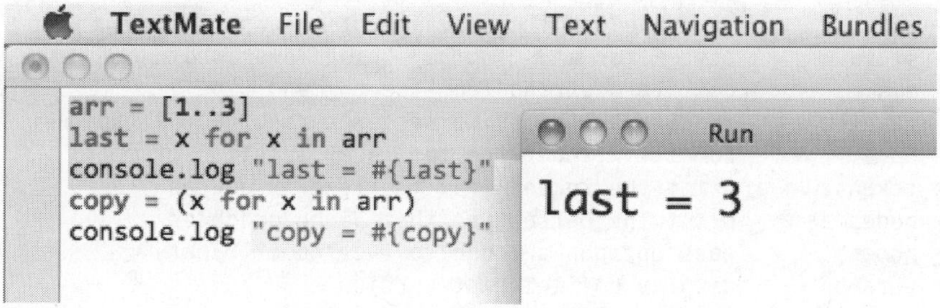

图2 直接在TextMate中运行选择的代码

稍微注意下，一些编辑器（包括TextMate）不会默认采用PATH值，这就意味着在你试图运行coffee命令时可能会出现类似于command not found的错误。如果遇到这种问题，打开编辑器的配置（可能在Shell Variables下面）设置PATH，以匹配在终端中运行echo $PATH命令时得到的输出值。你愿意的话也可以顺便设置下NODE_PATH。

1.3 “邂逅”coffee

既然你已经把编辑器设置好了，那就是时候介绍标准命令行编译器coffee了。让我们从必修的“Hello world!”程序开始。打开编辑器，创建一个名为hello.coffee的文件，添加如下内容：

```
console.log 'Hello, world!'
```

直接运行它：

① 分别在http://cloud9ide.com和https://github.com/tanepiper/cloud9-livecoffee-ext上可以找到。

```
$ coffee hello.coffee
Hello, world!
```

有几件事情你可能会感到奇怪：首先，console.log函数是从哪里冒出来的？（答案：它是一个Node.js的全局函数。）其次，JavaScript在哪里呢，不是说CoffeeScript会编译为JavaScript吗？

事实上coffee会将hello.coffee隐式地编译为JavaScript，然后将输出结果直接传递给Node，以使其立即执行。如果这不能满足你的需求，可以使用coffee众多选项中的一个或多个，使用coffee -h命令可以查看这些选项：

```
$ coffee -h
Usage: coffee [options] path/to/script.coffee
  -c, --compile       compile to JavaScript and save as .js files
  -i, --interactive   run an interactive CoffeeScript REPL
  -o, --output        set the directory for compiled JavaScript
  -j, --join          concatenate the scripts before compiling
  -w, --watch         watch scripts for changes, and recompile
  -p, --print         print the compiled JavaScript to stdout
  -l, --lint          pipe the compiled JavaScript through JSLint
  -s, --stdio         listen for and compile scripts over stdio
  -e, --eval          compile a string from the command line
  -r, --require       require a library before executing your script
  -b, --bare          compile without the top-level function wrapper
  -t, --tokens        print the tokens that the lexer produces
  -n, --nodes         print the parse tree that Jison produces
      --nodejs        pass options through to the "node" binary
  -v, --version       display CoffeeScript version
  -h, --help          display this help message
```

如果想查看刚才编译器隐藏的JavaScript，可以运行：

```
$ coffee -p hello.coffee
(function() {
  console.log('Hello, world!');
}).call(this);
```

可以查看1.3.1节“包裹中的JavaScript”专题对多余两行代码的解释。

1.3.1　编译为 JavaScript

-c（编译）可能是最常用的参数，它可以把输出的JavaScript保存到文件中。除了使用.js扩展名代替.coffee之外，新文件的文件名与原始文件的相同。让我们继续使用咖啡因饮料的主题：

```
$ coffee -c mochaccino.coffee
```

编译输出到相同路径下的一个名为mochaccino.js的文件中。使用-o（输出）参数并让目标目录名称紧跟其后，就可以把输出保存在其他地方：

```
$ coffee -co output source
```

该示例读取source目录（包含其子目录）下的所有.coffee并把对应的.js文件写入output。注意-co是-c-o的缩写。其顺序很重要：输出目录名必须紧接在-o之后。

另外一个比较常用的参数是-w（监听），它可以让coffee命令在后台持续运行。结合-c，它在每次开发者作出改变之后重新编译代码。它甚至能在多目录下工作且能保持嵌套的目录文件结构不变。因此，如果运行下面的命令，coffee目录下的所有文件都会不断地被重新编译到js目录中：

```
$ coffee -cwo js coffee
```

它会持续运行直到使用Ctrl – c来终止编译器。

包裹中的JavaScript

你可能想知道为什么CoffeeScript编译后的代码会被包裹在一个函数内？原因用一个词来说就是命名空间。如果将一堆JavaScript文件上载到一个浏览器程序中，它们会被当做一个大的代码块，这容易产生不可预料的结果：

```
// First file
function declareNuclearWar() {
  alert('Relax. This is only a test');
}
window.onload = function() {
  declareNuclearWar();
}

// Second file
function declareNuclearWar() {
  alert('The bombing begins in 5 minutes.');
}
```

写第一个文件的人，对代码可能造成的破坏一无所知！为避免发生灾难可以把每个文件用一个匿名函数包裹起来，这样就隔开了两个declareNuclearWar声明（参见2.2节），这种方式叫做**模块模式**。

为了让模块之间可以互相通信，必须“输出”一些变量（我们会在4.1节详细介绍）。

如果一定要除去包裹函数，使用-b（暴露）参数来运行coffee命令即可。

1.3.2 REPL

不带任何参数直接运行coffee会进入编程老手所说的REPL，即Read-Eval-Print Loop。通俗地说，就是你输入点什么，它执行，然后你查看输出结果，周而复始。

这很适合用来小试一下这门语言。REPL运行在Node.js环境中，并且它会输出所有表达式的结果。例如，如果我们想回忆一下JavaScript中parseInt的某些怪异行为，可以这样试试：

```
$ coffee
coffee> parseInt '221'
221
coffee> parseInt '221b'
221
coffee> parseInt 'b221'
NaN
```

coffee相关的内容就介绍到这里。再顺便说一句，如果想了解coffee是如何工作的，可以查看带注释的源码[①]。如果你愿意，甚至可以对其进行反向工程，编写自己的CoffeeScript编译器接口（就像笔者写的Jitter[②]一样）。

不要忘了coffee只是一个轻量级的工具，它并不提供代码压缩或者编译后自动运行测试之类的功能。如果想把这些功能添加到自己的项目中，你就应该编写自己的生成脚本，通常就是所谓的Cakefile。你可以在CoffeeScript wiki[③]上找到一些Cakefile相关的文档。

几乎可以编写CoffeeScript代码了——但还有一个问题，如果遇到错误该怎么办呢？

1.4　调试 CoffeeScript

很多使用类似CoffeeScript这类语言编写代码的人都会遇到以下问题，即运行时错误参考的是编译后的代码而不是原始代码。这确实是个问题，而且大家也探讨过几个解决方案[④]。可不幸的是，目前留给你的只有那些行号与原始代码没有任何关系的栈跟踪信息。

幸好，CoffeeScript编译后的JavaScript有很强的可读性。如果你了解这两种语言之间的对应关系（我希望读完本书后你能做到这一点），那么在原始CoffeeScript代码中找到与程序中出错的地方相匹配的位置就非常容易了。

虽然不甚理想，但这就是站在技术最前沿所要付出的代价。随着CoffeeScript生态圈的日渐成熟，工具越变越好，追踪错误将会越来越容易。Mozilla基金会的那些家伙为了给Firefox添加CoffeeScript调试支持正在拼命工作。Node也不会落后太远。但在此之前，还是彻底测试你的代码，使用调试模式日志，搞懂你的JavaScript代码吧。

有中间选择么？有的，在装配了开发控制台（或者像之前提到的Firebug Lite之类的书签工具）的Node.js或者浏览器中，可以使用console.log来显示消息。这可能会有两个问题：一是你并不想要输出每个细节，二是如果console.log不存在的话你就不会调用它。通常的解决方案就是使用包装函数，但是这样的话，当输出内容时就无法获得关键的JavaScript代码行号（因为所有的日志都是从同一个地方，即包装函数里输出的）。因此我推荐如下方式：

---

① http://jashkenas.github.com/coffee-script/documentation/docs/command.html

② https://github.com/TrevorBurnham/jitter

③ https://github.com/jashkenas/coffee-script/wiki

④ https://github.com/jashkenas/coffee-script/issues/558

```
window.debugMode = document.location.hash.match(/debug/) and console?
console.log 'This is the first of many debug-mode outputs' if debugMode
```

在这个例子中，当且仅当地址栏的“哈希”中包含字符串debug（比如page.html#debug），并且浏览器中存在console对象时，debugMode才为true。这为你提供了一种非常容易的方法，确保在页面加载时能够开启或关闭输出所有额外的信息。将debugMode声明为window的属性可以让其成为全局变量。

一种更简单但没有那么通用的方式是使用吸收操作符（详见3.1.4节）以保证当console存在时才调用console.log：

```
console?.log 'Thanks to ?, this line is perfectly safe!'
```

在Node下，有大量的类库（可以使用谷歌快速搜索node logging library）能够显示不同冗余度的输出。我的styout[1]也包含其中，它还提供对控制台色差输出的支持。

日志信息可以代替注释，在开发过程中它提供了更多关于代码如何运行的信息。比如，下面是一段典型的注释完好的代码：

```
area = height * (base1 + base2) / 2
# now we have the area of the trapezoid
```

可以像下面这样，调用console.log来代替注释：

```
area = height * (base1 + base2) / 2
console.log "The area of the trapezoid is #{area}" if debugMode
```

另外一种习惯是在代码中使用断言，标准的console对象中有一个assert函数对此提供很好的支持，它接受一个值和错误信息作为参数（值为非真时显示错误信息）。

```
fundamentalLaws = ['death', 'taxes', 'gravity']
if debugMode
  console.assert 'gravity' in fundamentalLaws, 'gravity oughta be a law!'
```

最后，编写结构良好的代码是避免错误的最重要的保证。尽管现在还不存在任何工具可以指出导致运行时错误的确切代码行号，但至少应该能够查到程序中可能引发错误的那部分代码。

1.5 预备

本章中我们学习了如何使用Node.js和npm在你的机器上安装CoffeeScript。你还使用自己最爱的编辑器与这门语言来了次亲密接触，探究了使用CoffeeScript作为开发流程一部分的一些方法，并且认识到了调试工作的挑战性。

既然现在你已经知道了如何运行CoffeeScript代码，是时候深入了解该语言自身的具体细节了。本书的剩余部分会有大量小代码段，跟上思路的最好方法就是在编辑器中运行这些代码。如

① https://github.com/TrevorBurnham/styout

果搞不清楚它们是如何工作的，尝试修改一两行代码看看会发生什么。你也可以时不时地看一下编译后的JavaScript代码。

想要运行下面这种涉及某个文件的代码段，还需要额外的代码段才行：

GettingStarted/outOfContext.coffee

```
foo bar, baz
```

那些并不涉及某个文件的代码段则能独立运行：

```
OK = 'computer'
console.log 'No alarms and no surprises.' if OK
```

请相信我，如果你的编辑器配置了运行命令的话将更加有趣，只需轻轻敲击快捷键就能查看代码运行结果了。这是CoffeeScript初学者的最好伙伴！

第2章 函数、作用域和上下文

2

CoffeeScript的核心和灵魂由两个字符组成：->，这就是定义一个新函数所需要的一切。不要被它的简洁所迷惑，我们很快就会看到，函数是一种强大多变的对象。掌握它们是掌握CoffeeScript的第一步。

虽然函数是本章的主角，但是沿途我们还会遇到一班欢乐的配角：变量、字符串、条件表达式、异常以及其他功能良好的函数所需要的一切东西。我们还将复习两个至关重要的概念：作用域和上下文，并说明在CoffeeScript中如何继续沿用它们。然后我们将研究一些非常酷的特性：属性参数、默认参数以及参数列，以此来结束我们的函数之旅。

到那时我们就准备好着手我们的第一个项目了，该项目将为我们小巧的拼字游戏做一个提示输入模块。最后但同样也很重要，本章结尾的练习将把你刚刚学到的CoffeeScript专业知识推向一个新的高度。

2.1 函数基础知识

终于开始定义第一个函数啦！来试试看：

```
-> 'Hello, functions!'
```

我可没说这是一个*有用*的函数，不是吗？不过它确实做了点什么——返回了一个字符串。

别光听我说，把它们粘贴到你的编辑器中，按运行命令：

```
console.log do -> 'Hello, functions!'
```

你将收到令人愉悦的问候：

```
Hello, functions!
```

do是干什么的？（它与JavaScript中的do…while循环没有任何关系。）它仅仅表示“运行接下来的函数”。我们本来也可以使用一堆括号来达到同样的效果：

```
console.log (-> 'Hello functions!')()
```

```
Hello, functions!
```

兴许你会问："return关键字哪儿去了？"这里是CoffeeScript从Ruby那里获得了灵感，隐式地返回每个函数的最后一个表达式的值。你仍然可以显式地使用return，但并不是必须的。除非你想中断执行流，否则首选的做法还是省略return。如果你不想返回某些内容，单独使用return即可。

到目前为止，我们使用的都是匿名函数。匿名函数自有其用途，但这个函数真的盼着要个名字：

```
hi = -> 'Hello, functions!'
console.log hi()
```

我们得到了同样的响应：

```
Hello, functions!
```

在CoffeeScript中给一个函数命名就意味着将它赋值给一个变量。注意我们本来也可以写do hi来替代hi()，但是从最佳实践的角度来说，通常只有在创建闭包时使用do，特别是在迭代中使用do来创建闭包。更多信息详见6.3节。

但是函数只返回一个常量有多大用处呢？确实没什么用。下面让我们把这个函数变得更加通用一点：

```
greeting = (subject) -> "Hello, #{subject}!"
console.log greeting 'arguments'

'Hello, arguments!'
```

我们在->之前添加了一个参数列表（subject）（注意在函数调用时可以省略括号，但在参数列表中不能省，除非参数列表为空。更多细节信息，请参见"隐式括号"专题）。而且我们还使用了字符串插值法把一个表达式插入到字符串中。

CoffeeScript的字符串插值语法与Ruby的类似："A#{expression}Z"等同于'A' + (expression) + 'Z'，只能在双引号之间的字符串中使用字符串插值。（从编程风格来说，每当不使用字符串插值时我更喜欢使用单引号的字符串，这样能明确表示这里并没有什么值得注意的事情。）

关于两种函数声明语法的故事

在JavaScript中，定义函数的方式有两种，一种是这样：

```
var cube1 = function(x) { return Math.pow(x, 3); };
```

另外一种方式：

```
function cube2(x) { return Math.pow(x, 3); }
```

这两种方式最大的差别是，如果在cube1定义前就调用它会出错。但在cube2作用范围内可以在定义之前调用它，解释器会自动向前查找函数的定义。

由于IE中一个棘手的问题，CoffeeScript永远只会生成如cube1这样的变量式风格[①]的函数声明。（由class关键字生成的“具名”函数是一个例外，我们会在4.3节中看到这一点。）因此，在调用函数之前可别忘了先定义它们！

给你一个忠告：CoffeeScript的+操作符不会忽略空格。因此如下的字符串连接能正常工作：

```
squadron = 'Red'
xWing = squadron + 5    # 'Red5'
```

而下面这样就不行：

```
squadron = 'Red'
xWing = squadron +5     # TypeError
```

问题在于squadron +5会被编译为squadron(+5)（+前缀是将字符串转化为数字的捷径），而squadron是字符串不是函数，所以会抛给我们一个错误。字符串插值能帮你避免这类麻烦：

```
squadron = 'Red'
xWing = "#{squadron}5"  # 'Red5'
```

2.1.1 访问 arguments 对象

正好提一下，无论是否在参数列表中有过声明，都可以通过JavaScript中的类数组对象arguments来访问传递给函数的所有的参数。例如，我们的greeting函数可以这样写：

```
greeting = -> "Hello, #{arguments[0]}!"
```

arguments对象往往被用在函数需要接受变长参数时。当然，这种灵活性是以代码的可读性为代价的。arguments作为一个类数组对象却缺少很多普通数组对象应有的方法，因此，它通常是JavaScript中让人头疼的地方。

隐式括号

函数调用中可以省略括号的特性是一把双刃剑。如果想要明智地使用该特性，必须掌握一条简单的规则：**直到表达式末尾，隐式括号才会闭合。**

不要寄希望于CoffeeScript能够通晓你在做什么，那是新手常犯的错误。举个例子，如果你写了如下的代码：

```
console.log(Math.round 3.1, Math.round 5.2)
```

你可能会惊讶于输出结果是3。Math.round 5.2发生了什么？当我们把括号加上，就明白了：

```
console.log(Math.round(3.1, Math.round(5.2)))
```

① 即定义式函数（与之对应的是声明式函数）。——译者注

先计算Math.round(5.2)，但是计算结果作为参数传递给了另一个Math.round（被它忽略了），而不是原本打算传递给的console.log。

为了避免这种混乱，除了最外层函数外，我都会使用括号来调用：

```
console.log Math.round(3.1), Math.round(5.2) # 3, 5
```

幸好，在CoffeeScript中几乎不需要直接与arguments对象打交道。这多亏了一个我们将要了解的特性，详见2.6节。

2.1.2　条件表达式和异常

现在，让我们换下口味，写一个数值处理函数：

```
cube = (num) -> Math.pow num, 3
```

请注意这里的Math对象，作为JavaScript标准的一部分，在CoffeeScript中的用法与其保持一致（而且，在各种主流浏览器或者服务器端环境下也都一样）。

来点稍微复杂的，比如一个布尔判断：

```
odd = (num) -> num % 2 is 1
```

%是模操作符，它返回除后的余数。is关键字编译为JavaScript中严格等操作符的===（没有模拟JavaScript的==，参见下面的“严格等于或者不等”专题）。因此，如果给定的数字是一个不能被2整除的正整数，odd就返回true，反之返回false。（如果说你传入的是字符串'3'，%会先将其转换为数字，因此odd同样会返回true。）

严格等或不等

CoffeeScript中的is和==都会编译为JavaScript中的===。无法使用如JavaScript中 ==那样宽松的、强制类型转化的等于检查，由于很多麻烦都是因它而起，JSLint以及其他类似的工具都不推荐这么做。让我们从http://wtfjs.com/2011/02/11/all-your-commas-are-belong-to-Array上借用一个例子：

```
",,," == new Array(4) //真
```

还有一个==违反等于传递性的例子：

```
                    //假
                    //真
                    //真
```

为了避免这类令人百思不得其解的问题，你应该自己显式地进行类型转换。

在绝大多数情况下，这已经是一个相当完善的奇偶检查的函数了。但假设你正在写一个有严格规范的数学处理库，规定如果传递给函数的参数不是一个严格的正整数，则应当抛出异常。我们可以使用条件表达式来实现这种需求，如下面这样：

Functions/odd.coffee

```
odd = (num) ->
  if typeof num is 'number'
    if num is Math.round num
      if num > 0
        num % 2 is 1
      else
        throw "#{num} is not positive"
    else
      throw "#{num} is not an integer"
  else
    throw "#{num} is not a number"
```

请注意，这里使用有效的缩进而不是JavaScript中的大括号来分割函数块和所有的条件分支。在CoffeeScript中大括号只有一种用途：定义一个JSON风格的对象[①]（更多内容请见第3章）。

现在如果使用除正整数之外的其他值来调用odd函数，它会返回undefined（因为throw语句没有返回值）。为了能实实在在地看到错误信息，需要使用try...catch块：

Functions/odd.coffee

```
try
  odd 5.1
catch e
  console.log e
```

```
5.1 is not an integer
```

通过依次对3个条件的简单检查，我们可以改善odd函数的程序风格：

Functions/odd.coffee

```
odd = (num) ->
  unless typeof num is 'number'
    throw "#{num} is not a number"
  unless num is Math.round num
    throw "#{num} is not an integer"
  unless num > 0
    throw "#{num} is not positive"
  num % 2 is 1
```

（要不是这些代码有点长，我们本可以使用后缀表达式throw a unless b来代替缩进的做法。）通常，每当条件表达式引起throw或return的时候，我们就可以把分支逻辑简化为简单的

① 即常说的对象字面量。——译者注

顺序检查。

当然，函数不仅限于返回值或者抛出异常，它们还能够修改变量的值以及调用其他函数（用函数式编程的话来说，它们被称做副作用）。其运行方式与JavaScript中的无异：

```
count = 0
incrementCount = -> count++
incrementCount()   # count is now 1
```

现在你了解了如何在CoffeeScript中定义和调用一个函数的基础。但是精华藏于细节之中，因此让我们来看一个最重要的细节：变量在哪里可见？

2.2 作用域：你在哪里看到它们

到目前为止，我们还没有担心过变量的可见性问题。但不能总是这样高枕无忧。考虑下这个例子：

```
age = 99
reincarnate = -> age = 0
reincarnate()
console.log "I am #{age} years old"
```

如你所想[①]，输出如下：

```
I am 0 years old
```

然而，调换第一行和第二行代码的位置：

```
reincarnate = -> age = 0
age = 99
reincarnate()
console.log "I am #{age} years old"
```

敲击“运行”键，这段代码与之前的代码完全不是一回事儿：

```
I am 99 years old
```

很奇怪——`reincarnate()`调用完全不起作用！我们把`age=99`这一行去掉会怎样？

```
reincarnate = -> age = 0
reincarnate()
console.log "age = #{age}"

ReferenceError: age is not defined
```

我们碰到了一个叫做“作用域”的问题！但什么是作用域？正如下面3条规则所定义的那样，变量的作用域就是变量所处的范围：

(1) 每个函数都会创建一个作用域，且创建一个作用域的唯一方法就是定义一个函数；

① 如果读者使用的是REPL来逐行运行这段代码的话，结果却是“I am 99 years old”。原因在于CoffeeScript的REPL是逐行编译JavaScript运行的，请读者明辨。——译者注

(2) 一个变量存在于最外层的作用域中，在该作用域中，该变量会被赋值；
(3) 变量在其作用域之外不可见。

例如，age在第一个例子中的作用域为全局作用域；在第二个例子中，在全局作用域中有一个叫做age的变量，在函数reincarnate作用域内还有一个名为age的变量；最后一个例子中，age只存在于函数reincarnate作用域内。此时我们尝试在函数reincarnate之外显示age就会得到一个ReferenceError的错误——在函数之外不存在名为age的变量。

CoffeeScript处理作用域采用的方式就是所谓的*词法作用域*，这与JavaScript保持一致，唯一不同的是，在JavaScript中使用var关键字显式地定义变量作用域，而CoffeeScript中则是从赋值语句中推断出作用域。这样做不仅降低了开发人员的工作量，还能够防止变量被其嵌套作用域内的另外一个同名的变量所覆盖。参见“同名覆盖”主题。

2

同名覆盖

在CoffeeScript中只有两种方法可以覆盖变量。一种是如第二个reincarnate例子中看到的那样，在内部作用域创建同名的变量之后，在外围作用域内创建一个变量；另外一种方法是使用函数参数：

```
x = 5
triple = (x) -> x *= 3
triple x      # 15
x             # 5
```

同名覆盖通常被认为是一种糟糕的编程风格，应该尽量避免。给你的变量起不同的名字，以防止埋下作用域混淆的种子。

一个函数的作用域嵌套于另一个作用域内，该作用域为该函数所在的作用域（可别忘了，函数也是变量）。关于作用域另外还有重要的一点需要理解：它并不依赖于在哪里或者如何调用函数。通过观察代码或者把它编译为JavaScript之后查找var声明（它们总是会被放在所属作用域的最顶部），总能确定变量的作用域：

```
singCountdown = (count) ->
  singBottleCount = (specifyLocation) ->
    locationStr = if specifyLocation then 'on the wall' else ''
    bottleStr = if count is 1 then 'bottle' else 'bottles'
    console.log "#{count} #{bottleStr} of beer #{locationStr}"
  singDecrement = ->
    console.log "Take one down, pass it around"
    count--
  singBottleCount true; singBottleCount false
  singDecrement(); singBottleCount true
  if count isnt 0 then singCountdown count
```

下面是该例子的编译输出（除了产生作用域的函数和存在于它们中的var语句之外，其他部分的代码都已省略）：

```
var singCountdown;
singCountdown = function(count) {
  var singBottleCount, singDecrement;
  singBottleCount = function(specifyLocation) {
    var bottleStr, locationStr;
    // ...
  }
  // ...
}
```

你可能会问,不通过赋值如何给变量指定作用域呢？答案当然是不能。不过,通常可以将null或者其他某些适合初始化的值赋给一个变量，这里有个例子：

```
obj = null
initializeObj = ->
  obj = ...    # create object with superpowers
window.onload = initializeObj
```

关于CoffeeScript作用域的讨论就到这里。现在来看另一个完全不同的东西：this。

2.3 上下文

作用域和上下文之间关系亲密，但是不要把它们混淆。作用域与标识符指向什么变量有关，而上下文（或叫做接收器）则是与this关键字有关——CoffeeScript中可将其简写为@。

JavaScript和CoffeeScript新手常常发现this变化莫测。用得好，感觉就像施了魔法，用不好，它就是一个超级错误源。毫无疑问，混乱一部分源自这个词本身：大家觉得this指的是“*this* Object”（这个对象）。非也，你应该把它看成“*this* context”（这个上下文）。并且很快我们就会明白，一个函数每次调用时上下文（this/@）可能会有所不同。

（在继续之前，我要说明一点，使用“context”（上下文）这个术语来描述this，虽然都流行这么说，但是这并不标准。一些人不赞成是因为在JavaScript规范中定义了某个称为“execution context”（执行上下文）的东西，虽然和“context”（上下文）有点联系，但其实并不一样。不幸的是，找不到其他普遍认同且能代表this内涵的术语了，因此贯穿本书，我会继续以上下文来指代它。）

让我们使用一个简单的函数来考察几个实例：

Functions/setName.coffee

```
setName = (name) -> @name = name
```

在这里，name和@name是两个完全不同的变量：name（实际上可以使用其他任意名称）是一个局部变量，无法在函数之外访问它，而@name（this.name的简写）是上下文的一个属性。

上下文的主要用途是为对象方法（作为属性附加的函数）提供一种方法来引用调用它的对象：

Functions/setName.coffee

```
cat = {}
cat.setName = setName
cat.setName 'Mittens'
console.log cat.name   # 'Mittens'
```

当我们调用cat.setName时，其实是把cat作为setName的上下文来调用。从而this（或者@）代表的是cat，@name代表的是cat.name，函数本身没有变化。我们可以如下面这样调用：

```
setName 'Mr. Mistoffelees'
```

它对cat就没什么影响。

2

我们可以使用call或者apply方法（所有函数都有这两个方法），在特定的上下文中调用函数而无需把这个函数附加到这个对象上。（如果你不太清楚JavaScript中属性是如何工作的，或者无法理解函数就是对象，可以先跳到3.1节了解相关内容，然后再回来继续。）apply方法接受一个上下文和参数数组并把它们传递给函数：

Functions/setName.coffee

```
pig = {}
setName.apply pig, ['Babe']
console.log pig.name   # 'Babe'
```

除了call接受的是彼此分开的参数而不是一个数组之外，call的用法和apply都一样。因此与上面等价的代码可以这样写：

```
setName.call pig, 'Babe'
```

在实践中，apply比call更常用，因为apply更为通用：call只能改变一个正常函数调用的上下文，而apply不但能够改变上下文而且还能传递一个任意数量的参数。

可以使用call或者apply“借用”某个对象的方法并把这些方法用到别的对象上：

Functions/setName.coffee

```
horse = {}
cat.setName.apply horse, ['Mr. Ed']
console.log horse.name   # 'Mr. Ed'
```

在这里就算用cat.setName代替setName也没有关系，因为它们是同一个函数。

使用new关键字是最后一种给函数传递上下文的方法。它会把函数作为构造函数创建一个新的对象：

Functions/setName.coffee

```
Dog = setName   # By convention, constructors are capitalized
dog1 = new Dog('Jimmy')
dog2 = new Dog('Jake')
console.log dog1.name   # 'Jimmy'
console.log dog2.name   # 'Jake'
```

new关键字指明："不要返回函数的执行结果；相反应该创建一个新对象，以该对象为上下文执行该函数，然后返回该对象。"（我们还可以通过一个原型，给由new关键字创建的对象添加额外的属性，4.2节会讲述相关内容。）由于new关键字将新的Dog对象设为上下文，因此所用@name即指向了新Dog对象的name属性。

如果一个函数不是被当做方法来调用，或者也没有用call/apply和new关键字来调用时，那上下文就是全局对象。我们会在4.1节学习更多关于全局上下文的知识。目前只要记住，如果this指向全局变量时，再使用它通常不是一件好事。

Functions/setName.coffee

```
setName 'Lulu'
console.log name      # 'Lulu'
console.log @name     # undefined
```

因此，可以看出上下文完全是由函数调用的方式所决定的。与作用域不一样，它与函数在哪里定义没有关系。（当然，我们常常希望以定义函数的位置来决定其上下文。幸运的是，有一种巧妙的方法可以有效实现这点需求。我们会在紧接的小节接触这种方法）。

回忆一下，下面对CoffeeScript中上下文的规则做个总结，前面的规则优先于后面的规则：

(1) 函数调用之前若有new关键字，则上下文为新建的对象；

(2) 使用call或者apply调用函数时，给定的第一个参数即为上下文；

(3) 否则，函数作为对象的属性(obj.func)或者obj['func'])来调用时，它就把该对象作为上下文来运行；

(4) 如果与上述几条都不符，则函数在全局上下文中运行。

我们将在4.1节了解更多全局上下文的知识。

函数绑定：this 就是 this

有时候无论函数是在哪里被调用，你都希望它在当前的上下文中运行。这在事件回调时最为常见。比如，你希望有人在你的voicemail数组（与当前的上下文绑定）中留言，那你可能会这样写：

```
callback = (message) -> @voicemail.push message
```

但是你一定会发现，当callback并没有被特定对象调用时，this直接指向的是全局对象，或者，某些其他类库通过call或者apply指定的上下文。难道就没有一种办法可以使this总是指向同一个对象而不用管函数的调用方式？

在JavaScript中可以实现这种需求，但是需要引入大量的模板化代码（参见"=>是如何工作的"专题，不过值得一提的是ECMAScript5，新一代浏览器都支持这一标准，它在Function原型上提供了一个比较简单的bind函数）。幸好，CoffeeScript使函数绑定到当前上下文变得非常简单，简单到仅仅只是一个字符的改变：=>代替->。我们把=>称作“函数绑定操作符”，或者不太正规地讲，叫“胖箭头”。

于是我们的callback函数变成了这样：

```
callback = (message) => @voicemail.push message
```

现在我们可以舒口气了，可以保证，无论该函数在哪里调用，函数内部this的意思与函数定义时所在位置的this是一样的！

你可能会想为什么不每次都使用=>来代替->呢？有两点原因。首先，绑定代码会造成文件大小和执行时间的开销，而这些开销通常是没有必要的。但更重要的一点是，虽然上下文多变的性质叫人迷惑，但是它也能衍生出非常优雅的代码。例如，很多类库会通过上下文给回调函数传递关键信息。这里有一个简单的例子（会在第5章展开讲）：

```
$('#clickToHide').click -> $(this).hide()
```

比起严格地只使用普通函数或绑定函数，在每次定义一个使用this/@的函数时，你更需要仔细考虑一下上下文应该是什么。

作用域和上下文就讲到这里——鉴于你已经是一个函数方面的专家了！下面几节会讲一些非常有用的语法糖，然后就着手开始游戏项目的第一个迭代开发了。

2.4　属性参数（@arg）

还记得我们定义的那个用来给其上下文的属性赋上参数值的函数吗？

```
setName = (name) -> @name = name
```

不错，恰好CoffeeScript为此提供一个好用的简写方式：

```
setName = (@name) -> # no code required!
```

=>是如何工作的

在JavaScript中我们可以如下实现callback = (message) => @voicemail.push message：

```
var callback;
① callback = (function(__this) {
②   var __func = function(message) {
      return this.voicemail.push(message);
    };
③   return function() {
      return __func.apply(__this, arguments);
    };
④ })(this);
```

①，④

最外层的函数接受当前上下文this作为__this参数。

②

__func包含了我们想绑定当前上下文的代码块。

③

这里定义的匿名函数是真正的callback。因此当调用callback时，它的参数被传递给上下文为__this的__func，然后返回__func的执行结果。

注意，永远都不会用到传递给callback自己的上下文，并且__func永远不会暴露，这就确保它总是在定义callback时的上下文中被调用。

事实上，CoffeeScript使用的是一个名为__bind的辅助函数，但是基本的技巧是一样的。=>应该是CoffeeScript最强大的简写了。

非常简洁，当@位于函数的一个参数名称之前，这个函数会自动把参数赋值给上下文对象this的同名属性。

这对构造函数最有价值，在第4章我们会接触很多构造函数。只是为了给实例对象设置内部属性构造函数就传递四五个参数的情况很普遍。使用语法@argument来替代的话，就可以节省好多行代码了，多棒呀！

2.5　默认参数（arg=）

假设你有一个函数，它的一个参数在绝大多数时候都是某一特定值，就像下面这样：

```
ringFireAlarm = (isDrill) ->
  # it's pretty much always a drill
  ...
```

如果把更常见的ringFireAlarm true简写为ringFireAlarm()难道不是更好吗？对，可以这样实现：

```
ringFireAlarm = (isDrill) ->
  isDrill = true unless isDrill?
  ...
```

这里的unless(expression)是if not (expression)的简写。IsDrill?中的?是存在判断运算符，它用来检查给定变量(1)在当前作用域是否存在，(2)它并不是undefined和null的简写。你应该把x?解读为“x存在”。

存在判断运算符也可以放在两个变量之间：a?为真时a ? b返回a，否则返回b。它还可以结合=形成一个复合赋值运算符：c ?= d 是c = d unless c?的简写，可以将其解读为“d为c的默认值”。

```
ringFireAlarm = (isDrill) ->
  isDrill ?= true
  ...
```

当然，从本节的标题就可以推测出，还有一种更简洁的形式：

```
ringFireAlarm = (isDrill = true) ->
  ...
```

你可能会问："为什么把所有时间都花在讨论存在判断运算符上？"有两个原因。首先，存在判断操作符很灵活；再者，CoffeeScript中的默认参数与其他语言（比如Ruby、Python和PHP等）的默认参数有所不同。在那些语言中，传递给函数的参数个数很重要——只有在无参数调用ringFireAlarm时，isDrill = true才会被执行。相比之下，CoffeeScript幕后使用的是存在判断运算符。也就是说，显式地传递null或者undefined都等同于省略参数。

如果不小心，可能导致一些令人不快的意外，但它的优点也在于更加灵活。可以使用有多个默认值的参数，调用者可以使用任何子集作为默认值，就像下面这样：

```
chooseMeals = (breakfast = 'waffles', lunch = 'gyros', dinner = 'pizza') ->
  ...

chooseMeals null, 'burrito', null   # not a gyro fan
```

当然，通过基于arguments.length的赋值条件，可以实现更为传统的默认参数行为。但如果真的这么做，你应该问一下自己，真的需要接受一个null值作为参数吗？就不能使用false、NaN甚至自定义类型来代替吗？

or=的真相

可能有人写过这样的代码：

```
a or= b
```

这种方法（或者与之等价的方法a ||= b）能把a的默认值设为b。这到底与a ?= b有什么不同？

答案与"可靠性"有关。在CoffeeScript中（JavaScript中也一样），所有的值都会被布尔逻辑操作符隐式地转换为布尔值，操作符除了&&和||（在CoffeeScript分别为and和or），还有if①。绝大部分的值转化后都为true，除了少数几个特别的，null、undefined、0和空字符串会转化为false。

在布尔操作符的返回值处理上也沿用了这种宽松、灵活的布尔逻辑处理方式。尽管在有些语言中，表达式a or b只返回true或者false，但在CoffeeScript（与JavaScript一样）中，如果a为真则返回a，否则返回b。（如果x和y都为真则表达式x and y返回y，都为假则返回x，一真一假时就返回值为假的表达式。）

这给我们提供了很多有用的快捷方式，包括a = a or b（通常简写为a or= b），它相当于说"如果a为假的话就把b的值赋给a"。虽然没有a ?= b方便，但也不错。

---

① 实际上还包括!（非，在CoffeeScript中为not）、while、do以及for循环等其他需要布尔判断的地方。
——译者注

还有一点值得一提——任何表达式都可以用作默认参数，尽管一般并不推荐这样做。如果这样做了，表达式将在该函数被调用的上下文中执行，而且，除非已经被赋值了，否则它就会在函数体内的任何表达式执行之前执行。也就是说，下面两个表达式完全相同，第一种方法：

```
dontTryThisAtHome = (noArgNoProblem = @iHopeThisWorks()) ->
  ...
```

另外一种方法：

```
dontTryThisAtHome = (noArgNoProblem) ->
  noArgNoProblem ?= @iHopeThisWorks()
  ...
```

在开始第一个项目之前，还剩最后一个特性要介绍，而且这个特性非常了不起。过去还从来没有出现过功能那么强大的小点……

2.6　参数列（...）

在JavaScript中接受变长参数是一件很简单但同时也很复杂的事情:说简单是因为传递给函数的所有参数（无论在函数中是否声明过）都可以通过arguments对象获取；说它复杂则是因为arguments并不支持像slice和shift之类的标准Array对象的方法。

幸好，CoffeeScript能够自动将任意范围的参数转换到一个数组中，方法就是在参数名后面添加一个省略号...（又称“参数列”[①]）。

```
refine = (wheat, chaff...) ->
  console.log "The best: #{wheat}"
  console.log "The rest: #{chaff.join(', ')}"
```

参数列在这里的意思就是“除了第一个参数wheat外，将剩余的其他参数合并到chaff数组中”。使用4个参数调用refine的结果如下：

```
refine 'great', 'not bad', 'so-so', 'meh'

The best: great
The rest: not bad, so-so, meh
```

如果没有或只有一个参数，那chaff就是一个空数组。

参数列不是非得位于参数列表的最后面。CoffeeScript编译器能够聪明地把恰当的参数放到该数组中。

```
sandwich = (beginning, middle..., end) ->
  ...
```

非参数列参数优先赋值。所以，如果只传递两个参数来调用sandwich函数，则这两个参数将变成beginning和end。只有存在3个或3个以上的参数时才会有参数放到middle中。参数列会

① 经查阅网络和部分图书，一般将splat翻译为参数列表，鉴于本书中参数列表自有所指，故将其译为与之相似但以示区别的“参数列”，请读者明辨。——译者注

吸收掉所有多余的参数。

就算参数列参数排在最前面，普通参数也有优先权：

```
spoiler = (filler..., theEnding) -> console.log theEnding
spoiler 'Darth Vader is Luke\'s father!'

Darth Vader is Luke's father!
```

当然，一个给定的函数只有一个参数列参数才有意义。要不然，这些参数列就会为了如何在它们之间分割参数而产生竞争了。

值得一提的是，在不使用函数的情况下，参数列还是可以用来分割数组。打开REPL（直接运行coffee，无参数，还记得吗？），简单试一下这个特性：

```
coffee> birds = ['duck', 'duck', 'duck', 'duck', 'goose!']
coffee> [ducks..., goose] = birds
coffee> ducks
duck,duck,duck,duck
```

我们会在3.6节中对这个语法特性进行更深入的学习。

在函数调用中，参数列的意义与它们在参数列表或者模式匹配赋值中的意义恰恰相反：后两者会把一个数组展开为一系列的参数，而不是把一系列参数放到一个数组中，再次回到REPL试试看：

```
coffee> console.log 1, 2, 3, 4
1 2 3 4
coffee> arr = [1, 2, 3]
coffee> console.log arr, 4
[ 1, 2, 3 ] 4
coffee> console.log arr..., 4
1 2 3 4
```

你可能已经猜到了，这种语法在内部使用了apply方法（2.3节已经提到过）。

但愿本章让你学到了很多东西。现在是时候用一个小项目将所有学到的知识贯穿到一起了，之后则是帮助你理解的练习题。

2.7 项目：5×5游戏输入分析器

还记得我们小小拼字游戏（参见3.4节）的点子吗？好了，是时候把它变为现实了！现在，我们还不具备哈希表、数组和循环的相关知识来现实一个具有完整功能的版本（我们将在第3章补上这些知识），但我们至少可以通过使用Node.js实现一个命令行提示模块来小试身手。

但开始之前，必须先搞懂什么是无阻塞IO。在大多数语言中，可以像下面这样写：

```
input = getInput()
# now process input...
```

getInput函数会一直等着用户输入然后返回输入值。这叫做阻塞的IO，因为getInput函数会阻塞程序执行直到有东西输入。

然而，我们不能用Node这么做，因为（除了少数几个函数名以Sync结尾的快捷函数外）它的IO是无阻塞的。相反，需要给Node一个回调函数，该函数只有在输入事件触发时才运行（我们将在6.3节深入学习）。在Node中与上面最接近的类似代码是：

```
stdin.on 'data', (input) ->
  # now process input...
```

（stdin对象还需要进行一些初始化，我们稍后就会接触到。）如果你习惯了阻塞IO的话，切换到无阻塞IO可能会有点不自在。但是这么做的好处显而易见，因为长久以来，等待输入（等待输出也是，只是程度比较低）就是性能损耗和扩展性有限的主要原因。虽然这对普通程序来说不是什么大问题，但是对于设计在等待输入时仍然可运行的程序是一个好习惯，实质上Node会迫使你养成这样的习惯。唯一能够实现一个阻塞IO函数的方式是使用C++来写一个原生的扩展。

因此，来稍微思考下程序的结构。下面是应该做的事情：

(1) 提示输入第一个方格的坐标(*x*,*y*)；

(2) 如果输入有效（两个整数，每个都必须在1到网格的尺寸之间），则提示输入第二个方格的坐标；

(3) 再一次验证输入有效性。如果输入有效则提示正在交换这两个方块，如果输入无效，则说明原因，提供继续尝试的机会。

让我们从“打开”标准输入流开始：

Functions/5×5/prompt.coffee

```
stdin = process.openStdin()
stdin.setEncoding 'utf8'
```

process是从哪里来的？它是Node环境的一部分，少数几个不需要require语句就能访问的部分之一。process提供了一些方法用于获取命令行参数、管理内存以及用于处理标准IO的方法。

如果现在（通过coffee prompt.coffee）运行程序，我们会不断得到系统的提示。（Ctrl + c 是你的好帮手。）每次敲击Return[①]时，Node都会寻找一个回调函数把输入值传给它。没有给它回调函数，因此什么都没有发生。修改一下就好。

Functions/5×5/prompt.coffee

```
inputCallback = null
stdin.on 'data', (input) -> inputCallback input
```

---

① 苹果键盘的Return键相当于“Enter”（回车）键。——译者注

stdin.on 'data'调用就是告诉Node："每当有一行新的输入，就把它传给这个函数。"这个函数仅仅是把输入传递给另外一个函数inputCallback。更确切地说，inputCallback之后会变成一个函数——但它现在只是null。为什么要这么做？因为这个代理函数让我们很容易就能改变回调函数的行为。inputCallback=null（null是随意写的）这一行是告诉编译器赋予该变量模块级别的作用域，这样就允许在匿名函数外对其进行修改了。

注意如果我们想为stdin.on 'data'设置多个回调函数，它们会简单地"堆叠"在一起，因此在有新的输入进来时，每个回调函数都会被调用。如果保存了监听函数[①]的引用，就可以使用stdin.removeListener给已存在的回调函数解除绑定，但这涉及两步（解绑定和绑定）。如果不这么做，我们就只需改变一下inputCallback的值。

这个简单的程序会有两种"状态"：提示输入第一个方块的坐标和提示输入与之对应的第二个方块的坐标。状态切换也就是简单显示一条信息然后再设置下inputCallback：

Functions/5×5/prompt.coffee

```
promptForTile1 = ->
  console.log "Please enter coordinates for the first tile."
  inputCallback = (input) ->
    promptForTile2() if strToCoordinates input
```

当有新的输入进来时，回调函数用未定义的strToCoordinates函数进行检查，如果它表示可以继续，则我们就把控制权移交给镜像的提示输入，以此来获取第二个需要移动的方格坐标：

Functions/5×5/prompt.coffee

```
promptForTile2 = ->
  console.log "Please enter coordinates for the second tile."
  inputCallback = (input) ->
    if strToCoordinates input
      console.log "Swapping tiles...done!"
      promptForTile1()
```

现在，验证是怎样的呢？好，我们就先写一个简单的测试来验证某个(x, y)（以零为基准）坐标是否在网格上：

Functions/5×5/prompt.coffee

```
GRID_SIZE = 5
inRange = (x, y) ->
  0 <= x < GRID_SIZE and 0 <= y < GRID_SIZE
```

① 即指已绑定的回调函数。——译者注

GRID_SIZE全大写表明它是一个常量（这是一种编程风格惯例，不是为了编译器方便，而是为了便于我们阅读）。该函数利用了CoffeeScript的链式比较的特性：0 <= x < GRID_SIZE是(0 <= x) and (x < GRID_SIZE)的缩写。

还有另外一个简单的测试来验证数字是否为整数：

Functions/5×5/prompt.coffee

```
isInteger = (num) ->
  num is Math.round(num)
```

现在让我们使用这几个函数完成一个神奇的字符串—坐标转换器，再通过添加友好的出错提示信息让它更完善：

Functions/5×5/prompt.coffee

```
strToCoordinates = (input) ->
  halves = input.split(',')
  if halves.length is 2
    x = parseFloat halves[0]
    y = parseFloat halves[1]
    if !isInteger(x) or !isInteger(y) Or !inRange(x) or !inRange(y)
      console.log "Each coordinate must be an integer."
    else if not inRange x - 1, y - 1
      console.log "Each coordinate must be between 1 and #{GRID_SIZE}."
    else
      {x, y}
  else
    console.log 'Input must be of the form `x, y`.'
```

你可能想知道，在两个inputCallback实现中，函数是怎么让if条件进行判断的。是这样，console.log返回值为undefined，这在条件判断时会强制转化为false，而其他非空对象会强制转换为true。因此我们要么返回{x,y}，要么输出错误信息，这样我们就考虑到了所有可能的布尔值。

现在还缺少最后一块：我们需要从某种状态开始，以便inputCallback在调用之前就已经获得了定义：

Functions/5×5/prompt.coffee

```
console.log "Welcome to 5x5!"
promptForTile1()
```

好了，就是这样！运行prompt.coffee，亲自试试。它看起来应该如图3所示。

但愿你已经开始欣赏CoffeeScript函数强大的能力和灵活的语法了。下一章我们将学习如何使用对象和数组，并且会把标准IO的小实验转变为一个功能完备的游戏。

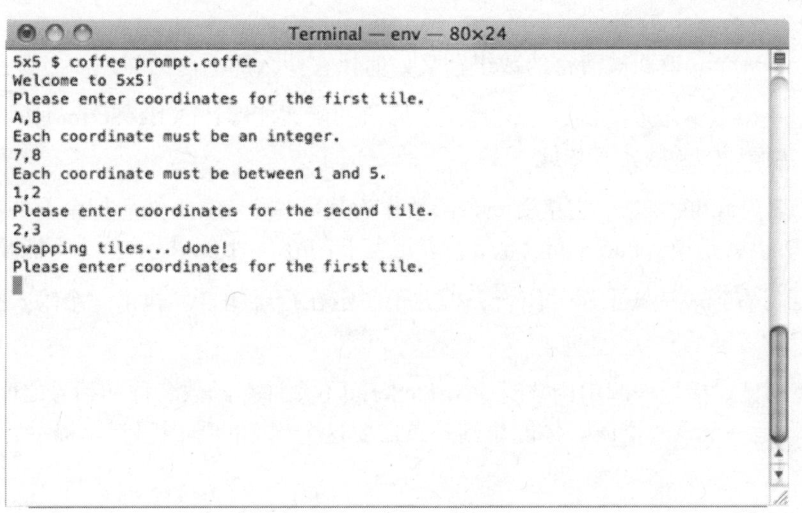

图3 运行中的命令行版的提示输入

2.8 做得好，年轻的学徒

可以很有把握地说，你现在对CoffeeScript的了解已经超越了地球上99.999%的人。你已经学习了如何定义、调用函数，以及从函数中返回值。你还了解到函数会创建作用域，以及上下文变量`this`是一个变化无常的精灵，它依赖于函数被调用的方式——除非函数在定义时使用`=>`来绑定其定义时的上下文。

我们还从CoffeeScript的其他诸多特性中选取了几个来学习，包括`if`/`unless`、`try...catch`、默认参数和属性参数等。然后我们使用这些特性写了一个基于Node.js命令行的简单程序。

关于CoffeeScript，我们只有两个方面还没有接触过：集合（对象和数组）和迭代（循环）。凑巧的是，它们就是下一章的主题。

但是在我们继续之前，先用下面这些练习测试下你的知识。你不会想跳过它们吧？相信我，它们能避免你将来吃苦头。

2.9 练习

(1) 下面的函数将删除给定数组中的所有元素，然后返回`splice`的返回值，在这里即是原始数组的一个副本。（我们将在3.2.2节学习更多关于这个特殊函数的知识。）

```
clearArray = (arr) ->
  arr.splice 0, arr.length
```

如何让clearArray返回被清空的数组？又如何让它什么都不返回呢？

（虽然这是一个微不足道的例子，但是无返回值的函数能够让CoffeeScript编译器输出更高效率的代码，包含循环的函数尤其如此。）

(2) 写一个名为run的函数，它接受一个函数作为其第一个参数，然后把余下的参数都传递给被调用的函数。也就是说，run func,a,b应该相当于func(a,b)。提示：这不能超过一行代码。

(3) 隐式括号直到表达式末尾才闭合，但并不一定在行尾闭合。找出一个隐式括号没有到行尾就闭合的例子。

(4) 当你使用显式括号来调用函数时，CoffeeScript不允许在函数名称和括号之间有任何空格。例如f (a,b)就是一个语法错误。你能想到一条需要这个规则的原因吗？（提示：f(g)h是什么意思？）

(5) foo.bar.baz()函数调用时的上下文是什么？那@hoo()和@hoo.rah()呢？

(6) x指向的是一个遵守作用域规则的变量，而@x指向的一个遵守上下文规则的变量。这两者永远都不能等同——虽然它们有可能指向同一个对象，但x=y对@x没有影响，反之亦然。不过what.x与@x有可能等价，如果它们等价的话，那what是什么？

找出答案，然后给下面的代码添加一行最短的代码，使其输出quantum entanglement。

```
xInContext = ->
  console.log @x
what = {x: 'quantum entanglement'}
```

(7) 下面这段代码能正常工作吗？

```
x = true
showAnswer = (x = x) ->
  console.log if x then 'It works!' else 'Nope.'
showAnswer()
```

能或不能，为什么？

第3章

集合与迭代

3

在上一章中，我们掌握了函数相关的知识。现在是时候把函数应用到数据集合上了。

本章首先以通用数据存储这种新角度来重新审视对象。然后学习数组，它可以让我们更有序地存储数据。之后学习迭代世界的通用语言——循环。我们还将学习如何使用列表解析[①]直接从循环中生成数组，以及如何使用模式匹配来提取数组的部分内容。最后，我们将完成上一章开始的命令行版的5 ×5游戏，然后用一组新的练习来回顾本章知识。

3.1 作为哈希表的对象

先复习一下JavaScript中已知的关于对象的知识，然后再来看看CoffeeScript提供的语法增强点。

3.1.1 JavaScript 基础知识：一节 JavaScript 补习课

每种有价值的语言都会提供某种数据结构，以便存储任意被命名的值。不管怎么称呼这种结构，哈希表、映射、字典或者关联数组都行，其核心功能都是一样的：提供一个键和一个值，然后就可以使用键获取对应的值。

在JavaScript中每个对象都是一个哈希表，并且几乎所有东西都是对象：除了基础类型（布尔值、数字和字符串）和少数几个类似于undefined和NaN的常量之外。

最简单的对象可以这样写：

```
obj = new Object()
```

或者（更为常用）可以使用JSON风格的语法[②]：

```
obj = {}
```

① 即list comprehension，在原书中也叫array comprehension（数组解析），为了延续Python、Ruby等语言中的使用惯例，这里译为列表解析。——译者注

② 就是常说的对象字面量。——译者注

在JSON中，对象使用{}表示，数组则用[]。注意，JSON是JavaScript的一个子集，并且通常可以直接将其粘贴到CoffeeScript代码中（除非JSON中包含了会让CoffeeScript编译器误解的缩进）。

但是还有很多其他创建对象的方式。实际上，由于所有的函数都是对象，所以在上一章我们已经创建了大量的对象。

有两种访问对象属性的方式：点标记法和方括号标记法。点标记法比较简单：obj.x指的是obj的名为x的属性。方括号标记法则更为通用一些，在方括号中的任何表达式都会被求值转化为字符串，然后这个字符串就作为属性的名字。因此obj['x']就等同于obj.x，而obj[x]指的则是一个名字与x（转化为字符串后）的值相匹配的属性。

通常在预先知道属性的名字时，可以使用点标记法，而如果属性名字需要动态确定的话，就要用方括号标记法。由于属性名可以使用任意字符串，因此在某些时候就得使用包含字面键名的方括号标记法：

```
symbols.+ = 'plus'      # illegal syntax
symbols['+'] = 'plus'  # perfectly valid
```

我们可以使用JSON风格的结构一次创建包含数个属性的对象，这就需要像下面这样使用“:”把键和值隔开：

```
father = {
  name: 'John',
  daughter: {
    name: 'Jill'
  },
  son: {
    name: 'Jack'
  }
}
```

注意，尽管在JavaScript中花括号用处很多，但在CoffeeScript中花括号的唯一用处就是声明对象。

当键名遵循标准的变量命名规则时，它前后不加引号也可以，否则就必须添加，单引号和双引号皆可：

```
symbols = {
  '+': 'plus'
  '-': 'minus'
}
```

注意：在哈希键名中不支持字符串插值。

3.1.2　精简的 JSON

CoffeeScript采用了JSON技术且吸收了它的精华。虽然完整的JSON非常有效，但是特殊意义的空格能够代替大部分象征性的“符号”：换行隔开的属性之间的逗号可写也可以不写，而且最棒的是，当对象的属性之前存在缩进时，花括号也是可选的。这也就是说上面的JSON可以使用相对更像YAML的东西替代：

```
father =
  name: 'John'
  daughter:
    name: 'Jill'
  son:
    name: 'Jack'
```

也可以在单行代码中使用这种精简的记法：

```
fellowship = wizard: 'Gandalf', hobbits: ['Frodo', 'Pippin', 'Sam']
```

这段代码与下面这段等价：

```
fellowship = {wizard: 'Gandalf', hobbits: ['Frodo', 'Pippin', 'Sam']}
```

在这里神奇的是，CoffeeScript编译器每次看到:，就能判断出你正在定义一个对象。这种技巧在函数接受哈希配置作为最后一个参数时尤为有用：

```
drawSprite x, y, invert: true
```

3

3.1.3 同名键值对

CoffeeScript提供了一个很有用的技巧，在一个键值对中，当值是以键命名的变量时，可以省略该键值对中的值。例如，下面两段代码是等价的，首先是简短的写法：

```
delta = '\u0394'
greekUnicode = {delta}
```

这是稍稍长一点的写法：

```
delta = '\u0394'
greekUnicode = {delta: delta}
```

（注意，简写法只有与显式大括号一同使用才行）我们将在3.6节中看到该技巧一种通常的用法。

3.1.4 吸收操作符：'a?.b'

在我们开始接触数组之前，还有最后一个在访问对象属性时需要知道的CoffeeScript特性：判断存在链式操作符，即大家熟知的“吸收操作符”。

吸收操作符是存在操作符的一个特例，我们在2.5节接触过。回忆一下a = b ? c的意义，“如果b存在则将其赋值给a，否则将c赋值给a”。但假设我们想要的是，如果b存在的话就把b的某个属性赋值给a，一种简单直接的尝试看起来可能是这样：

```
a = b.property ? c  # bad!
```

哪里不对？当代码运行时，如果b不存在我们就会碰到一个ReferenceError的错误。这是因为这段代码隐含地假定b存在，只会检查b.property是否存在。

有解决方法吗？在属性访问符之前放一个?即可：

```
a = b?.property ? c  # good
```

现在只要b或者b.property中有一个不存在，都会把c赋值给a。只要你喜欢，可以链式地使用任意多个吸收操作符，无论是点操作符还是方括号操作符，甚至可以用这种语法在运行函数之前来检查函数是否存在：

```
cats?['Garfield']?.eat?() if lasagna?
```

我们用一行代码表达了这样的意思，如果有面条且有猫，而且其中有只叫Garfield的猫，且Garfield有一个eat的函数方法，就运行这个方法。

很酷，不是吗？但是有时候宇宙比现在更有秩序。当我想起有序的事物时，一种非常特殊的对象就浮现在我的脑海中。

3.2　数组

尽管可以使用之前提到的任意对象来保存有序的值列表，但数组（它从Array的原型中继承了这些属性）提供了好几个不错的特性[①]。

可以使用JSON风格的语法来定义数组：

```
mcFlys = ['George', 'Lorraine', 'Marty']
```

与之等价的代码如下：

```
mcFlys = new Array()
mcFlys[0] = 'George'
mcFlys[1] = 'Lorraine'
mcFlys[2] = 'Marty'
```

别忘了所有对象的键都会转化为字符串，因此arr[1]、arr['1']甚至arr[{toString:-> '1'}]的含义都是一样的。（当某个对象有一个toString方法时，则在这个对象转化为字符串时就会用到它的返回值。）

因为数组也是对象，所以可以自由地为数组添加各种各样的属性，但这并不是常见的做法。更为通用的做法是修改Array原型，为所有的数组添加特殊的方法。例如，Prototype.js框架通过这种方式为数组添加了flatten和each等方法，使它更像Ruby的数组。

① http://developer.mozilla.org/en/JavaScript/Reference/Global_Objects/Array

3.2.1 区间

打开REPL，熟悉CoffeeScript区间（以及与之密切相关的切分（slice）和剪接（splice）语法，会在下一节介绍）的最好方法就是`('practice' for i in [1..3]).join(', ')`[①]。

CoffeeScript增加了Ruby式语法，用来定义连续整数数组：

```
coffee> [1..5]
[1, 2, 3, 4, 5]
```

“..”用来定义一个闭区间（inclusive range）。但通常我们想省略最后一个值，在这种情况下，可以添加一个“.”生成排外区间（exclusive rage）：

```
coffee> [1...5]
[1, 2, 3, 4]
```

（为了方便记忆，可想象额外的“.”其实代替了最后的值。）区间也可以是倒序的：

```
coffee> [5..1]
[5, 4, 3, 2, 1]
```

不管顺序是正还是反，排外区间都会省略末尾的值：

```
coffee> [5...1]
[5, 4, 3, 2]
```

通常并不会单独使用这种语法，但是稍后我们就会看到，它是CoffeeScript `for`循环不可或缺的一部分。

3.2.2 切分和剪接

当你想从JavaScript数组中切出一块的时候，需要使用听起来有点儿暴力的`slice`方法：

```
coffee> ['a', 'b', 'c', 'd'].slice 0, 3
['a', 'b', 'c']
```

传给`slice`的两个数字是索引值。从第一个索引开始到第二个索引结束（但不包括第二个索引）内的所有东西都复制到返回结果中。你可能一看就会说：“这听起来有点儿像排外区间[②]。”你说对了：

```
coffee> ['a', 'b', 'c', 'd'][0...3]
['a', 'b', 'c']
```

也可以使用闭区间：

```
coffee> ['a', 'b', 'c', 'd'][0..3]
['a', 'b', 'c', 'd']
```

这里的规则较闭区间来说稍有不一样，这都是由`slice`的性质所致。特别地，如果第一个索

① “`('practice' for i in [1..3]).join(', ').`”是一个CoffeeScript表达式，其值为“`practice,practice,practice`”，即作者想表达的意思就是，需要不断地练习、练习，再练习。——译者注

② 半开半闭区间。——译者注

引指向的位置在第二个指向的位置之后，结果就会是一个空数组而不是一个倒转的数组：

```
coffee> ['a', 'b', 'c', 'd'][3...0]
[]
```

而且，负数索引会从数组末尾往后倒数，但`arr[-1]`只是查找一个`arr`中名为`'-1'`的属性，而`arr[0…-1]`的意思却是“把从数组第一个元素直到最后一个元素（但不包含最后一个元素）的切分返回”。换句话说，当切分`arr`时，`-1`的意义与`arr.length-1`相同。

如果省略第二个索引，则无论使用两个还是三个点，都会一直切分到数组的末尾：

```
coffee> ['this', 'that', 'the other'][1..]
['that', 'the other']
coffee> ['this', 'that', 'the other'][1...]
['that', 'the other']
```

CoffeeScript还为splice（用于插值的`slice`的兄弟方法）提供了一个简写法。它看起来就像给切分赋值：

```
coffee> arr = ['a', 'c']
coffee> arr[1...2] = ['b']
coffee> arr
['a', 'b']
```

字符串的切分

很奇怪，JavaScript为字符串提供了一个slice方法，但它的行为与`substring`方法一致。这非常方便，它意味着可以使用CoffeeSript的切分语法获取子字符串：

```
coffee> 'The year is 3022'[-4..]
3022
```

然而，别太发散——虽然切分适用于字符串，但是剪接却不行。因为在JavaScript中字符串一旦被定义就永远不可能修改了。

区间即表示数组被替换的部分。如果该区间为空，则会从第一个索引处开始直接插入值。

```
coffee> arr = ['a', 'c']
coffee> arr[1...1] = ['b']
coffee> arr
['a', 'b', 'c']
```

有一个不同点需要注意：虽然负数索引在切分时能够表现完美，但剪接时就完全不行了。不过省略第二个索引的技巧仍然适用：

```
coffee> steveAustin = ['regular', 'guy']
coffee> replacementParts = ['better', 'stronger', 'faster']
coffee> steveAustin[0..] = replacementParts
coffee> steveAustin
['better', 'stronger', 'faster']
```

关于切分和剪接的内容就这么多。你应该把自己看做使用区间提取字符子串和子数组方面的专家啦！但在for…in 语法中，区间还有另外一种更加富有想象力的用法，下一章我们就会看到。

3.3 集合的迭代

CoffeeScript中内置了两种语法来对集合进行迭代：对象迭代格式和数组迭代格式（后者也可用于其他可枚举对象，但通常只用于数组）。虽然两者看起来很像，但是它们的执行方式却差别很大。

使用下面的语法来迭代对象的属性：

```
for key, value of object
  # do things with key and value
```

该循环会迭代该对象的所有键名，并且将其赋值给for后面第一个变量。但是第二个变量，即上面名为value的变量，则不是必需的。正如你期望的那样，它会被赋上与键相对应的值，因此value=object[key]。

'hasOwnProperty'与'for own'

在JavaScript中，对象“自身”的属性和从原型继承的属性是有差别的。可以使用object.hasOwnProperty(key)来检测某个特定属性是不是对象“自己”的。

因为人们普遍希望迭代对象自己的属性，而不是迭代那些与同类共享的属性，CoffeeScript允许使用for own自动进行检查且跳过那些没有通过检查的属性。这里有个例子：

```
for own sword of Kahless
  ...
```

它是下面这段代码的简写：

```
for sword of Kahless
  continue unless Kahless.hasOwnProperty(sword)
  ...
```

每当for…of给出了你不想要的属性，使用for own…in替换试试看。

对于数组来说，语法稍稍有点不一样：

```
for value in array
  # do things with the value
```

为什么需要使用不一样的语法呢？为什么不直接使用for key, value of array呢？这是因为数组可能会有额外的方法和数据。如果你想要它的全部家当，那用of没问题。但如果你想把数组单纯当作一个数组，那么就使用in——只会依次获得array[0]、array[1]……直到array[array.length-1]为止。

两种风格的for循环都可以在后面跟一个when从句，当给定的条件为假时，就跳过当前的迭代。例如，下面的代码会忽略掉obj上的非方法属性而调用其他所有的方法：

```
for key, func of obj when typeof func is 'function'
  func()
```

下面这段代码只有在bid比较大时才会把其赋值给highestBid：

```
highestBid = 0
for bid of entries when bid > highestBid
  highestBid = bid
```

当然，我们也可以在循环体开始部分使用continue、unless等条件语句来替代when从句。但是when是一个非常有用的语法糖，特别对于那些痴迷于单行代码的人来说尤其如此。它同时也是可以阻止将任意值添加到循环返回值数组中的唯一方法，我们在3.5节会涉及这一知识。

无作用域的for

当写for x of obj 或者for x in arr时，你其实正在给一个当前作用域内名为x的变量赋值。循环结束后还可以继续利用这些变量。一个例子：

```
for name, occupation of murderMysteryCharacters
  break if occupation is 'butler'
console.log "#{name} did it!"
```

另外一个例子：

```
countdown = [10..0]
for num in countdown
  break if abortLaunch()
if num is 0
  console.log 'We have liftoff!'
else
  console.log "Launch aborted with #{num} seconds left"
```

但缺少作用域也会让你感到意外，尤其是在for循环内定义函数时。因此在不确定的情况下，就用do来捕获每个迭代内的变量：

```
for x in arr
  do (x) ->
    setTimeout (-> console.log x), 0
```

我们还会在3.9节回顾这个问题。

for…in还支持for…of并不支持的补充修饰符by。比起每次逐个值循环整个数组（这是默认情况），by可以让你随意设置步值[①]：

① 即间隔值。——译者注

```
decimate = (army) ->
  execute(soldier) for soldier in army by 10
```

步值并非必须是整数，分数值也能与区间正常地协同工作：

```
animate = (startTime, endTime, framesPerSecond) ->
  for pos in [startTime..endTime] by 1 / framesPerSecond
    addFrame pos
```

也可以使用一个负步值反过来从区间末尾开始迭代：

```
countdown = (max) ->
  console.log x for x in [max..0] by -1
```

但是要注意，数组并不支持负步值。当你写for…in[start..end]时，start是第一个迭代值（而end是最后一个迭代值），只要start>end负数步值就没有问题。但是每当你写for…in arr时，第一个迭代索引值总是0，最后一个迭代索引是arr.length-1。因此如果arr.length大于零，则负步值会产生无限循环——永远不可能达到最后一个迭代索引！

关于for…of和for…in，这是你应该了解的全部内容。记住最重要的一点，CoffeeScript中的of与JavaScript中的in等价。可以这样想：值在数组中（in），而你了解数组的（of）键。

of和in作为运算符有两种存在方式：key of obj用来检测obj[key]是否已被赋值，而x in arr则是用来检测arr是否存在某个值等于x。正如for…in循环，in运算符只能用在数组上（还包括其他可枚举实体，比如说arguments和jQuery对象）。下面是一个例子：

```
fruits = ['apple', 'cherry', 'tomato']
'tomato' in fruits       # true
germanToEnglish = {ja: 'yes', nein: 'no'}
'ja' of germanToEnglish  #true
germanToEnglish['ja']?
```

如果你想检测一个非枚举对象是否包含某个特定值该怎么办？我们把这个问题留到练习中去解答。

3.4 条件迭代

如果你觉得for…of和for…in有点复杂，别担心——还有一些更简单的循环可用。事实上，这些循环的意义一目了然：

```
makeHay() while sunShines()
```

```
makeHay() until sunSets()
```

你可能已经猜到了，until就是while not的简写，就像unless是if not的简写一样。

注意，在这两种句法中，如果条件起初就不满足的话makeHay()一次都不会执行。这与JavaScript中的do…while循环不一样，do…while至少会执行一次循环体。在本章的练习中我们会为此创建一个工具函数。

3

你会在很多语言中看见`while true`循环，即表示循环体会一直执行直到它被`break`或者`return`强制退出。CoffeeScript为此提供了一种简化的方式，简称为`loop`：

```
loop
  console.log 'Home'
  break if @flag is true
  console.log 'Sweet'
  @flag = true
```

注意，除了`loop`之外，所有循环语法允许同时使用后缀修饰从句和缩进形式，就像`if/unless`那样。`loop`是独特的，它可以作为前缀但不能做后缀，如下面这样：

```
a = 0
loop break if ++a > 999
console.log a  # 1000
```

尽管`while`、`until`和`loop`不像`for`语句那样通用，但由于它们功能多样，你也应该多加利用这一重要的编程技巧。

接下来，我们来回答一个古老的禅宗公案：列表的值究竟是什么？

3.5　列表解析

类似Scheme、Hashell和OCaml这类函数式编程语言几乎不需要使用循环。相反，可以使用映射、归纳和精简[①]等运算来迭代数组。很多这类运算可以通过类库的方式引入JavaScript中，比如说Underscore.js[②]类库。但要获得最佳简洁性和灵活性，一门语言需要支持列表解析（又叫数组解析）。

想想看，每次循环一个数组只是为了基于它创建一个新的数组。例如在JavaScript中，要将一个数字数组中的所有项都取反需要这样写：

```
positiveNumbers = [1, 2, 3, 4];
negativeNumbers = [];
for (i = 0; i < positiveNumbers.length; i++) {
  negativeNumbers.push(-positiveNumbers[i]);
}
```

下面是与之等价的使用列表解析的CoffeeScript：

```
negativeNumbers = (-num for num in [1, 2, 3, 4])
```

还可以对条件循环使用解析语法：

```
keysPressed = (char while char = handleKeyPress())
```

看到发生什么事情了吗？CoffeeScript中的每个循环都会返回一个值。这个值是一个数组，里

① compact演算，即返回数组的一个副本，该副本删除了数组中的非真值。——译者注

② http://documentcloud.github.com/underscore/

面存放了每次迭代的结果（不包括被continue或者break跳过的迭代，也不包括when从句的返回值）。并且这并不只是单行循环的专利：

```
code = ['U', 'U', 'D', 'D', 'L', 'R', 'L', 'R', 'B', 'A']
codeKeyValues = for key in code
  switch key
    when 'L' then 37
    when 'U' then 38
    when 'R' then 39
    when 'D' then 40
    when 'A' then 65
    when 'B' then 66
```

（在单行式中我们需要使用括号，而这里却不需要，你知道为什么吗？还有，你也许想知道switch的作用，到4.4节你就清楚了。）

注意，可以联合for循环的修饰符by和when一起使用列表解析：

```
evens = (x for x in [2..10] by 2)

isInteger = (num) -> num is Math.round(num)
numsThatDivide960 = (num for num in [1..960] when isInteger(960 / num))
```

列表解析式是CoffeeScript核心设计哲学的产物：CoffeeScript中所有的东西都是表达式，并且每个表达式有一个值。那循环的值是什么？自然就是一个包含迭代结果的数组。

CoffeeScript的另外一个设计哲学是DRY：不要做重复劳动（Don't Repeat Yourself）。下一节将讲述一个我最喜爱的DRY特性。

3.6 模式匹配（或解构赋值）

JavaScript是严格地一次赋一个值。如果你想要把一列值赋给一列变量，可能需写一个自定义函数。但在CoffeeScript中，只需要写一行代码：

```
[firstName, middleInitial, lastName] = ['Joe', 'T', 'Plumber']
```

这种语法叫做数组模式匹配，乍一看可能比较奇怪。其实在赋值操作左边的方括号并不会真的创建一个数组。它只是描述了一种填充右侧数组的变量“模式”。因此下面这行代码与之前的等价：

```
firstName = 'Joe'; middleInitial = 'T'; lastName = 'Plumber'
```

但是数组模式匹配不只是一种便于多重赋值的雅致语法。一方面，可以在赋值的左右两边引用同样的变量，让值的交换从繁琐的3行代码变成简单的1行代码：

```
[newBoss, oldBoss] = [oldBoss, newBoss]
```

我们还可以像在函数定义中那样来使用参数列，详见2.6节：

```
[theBest, theRest...] = topStudents
```

如何你觉得数组模式匹配很棒，那你一定会爱上对象的模式匹配。假如要从一个对象中提取几个值：

```
myRect =
  x: 100
  y: 200
{x: myX, y: myY} = myRect
```

同样，在赋值左侧的并不是一个真正的对象，它是一个模式。它为匹配这些键提供了键和变量名称。因此下面是与之等价的代码：

```
myX = myRect.x; myY = myRect.y
```

这似乎并没有赚到便宜，但是还记得（就如我们在3.1.3节讨论的一样）`{x:x}`是怎么简写为`{x}`的吗？它们同样能在模式里使用。这就意味着，如果仅仅是想把`rect.x`和`rect.y`赋值给局部变量x和y，只需这样写：

```
{x, y} = rect
```

相信我，从此刻开始这种语法将改变你从对象中取值的方式。举另外一个例子，假设我们正在使用Node的`assert`模块写一些测试。我们特别想使用`assert.ok`和`assert.strictEqual`方法。可以通过下面的代码把它们载入名为`ok`和`strictEqual`的变量上：

```
{ok, strictEqual} = require 'assert'
```

最后一条小贴士——我提过数组模式匹配和对象模式匹配可以互相嵌套使用了吗？

```
{languages: [favoriteLanguage, otherLanguages...]} = resume
```

这段代码翻译为："取得`resume.languages`，将它的第一项赋给`favoriteLanguage`变量，将剩余项放到一个新数组`otherLanguages`中。"一行代码搞定，不错吧？

模式匹配也称为解构赋值，而且它还是JavaScript 1.7标准的一部分（最新版的Firefox中支持该特性）。但无须等标准普及开来——CoffeeScript可以把所有模式编译为一系列相对简单的赋值语句。

我知道本章塞给你很多知识，现在是时候把这些琐碎的知识聚集到一起来完成拼字游戏的第一个可用版本了。不要忘了完成之后的练习——我敢保证，它挑战不小。

3.7　项目：5×5 单人游戏

既然在上一章里我们已经处理了输入，那么现在只需要再做几件事，我们的程序就是一个完整的游戏了。让我们从最简单的拼字方块开始，然后再去处理那些比较难的部分。

先做最重要的：我们需要一些单词。幸好，用于Scrabble比赛的单词表（即第二版官方比赛与俱乐部单词表[①]，也就是Scrabbler铁杆玩家所熟知的OWL2）是公开的。本书的示例代码中包含

① Second Official Tournament and Club Word List。——译者注

了该单词表的一个版本①。

我们会把该单词表存储于数组中。（其他的数据结构，比方说二叉树，可能有更高的查询效率，我把这个优化工作留给读者去完成。）但首先，需要通过Node的文件系统（fs）模块来访问它：

Collections/5×5/game.coffee

```
fs = require 'fs'
owl2 = fs.readFileSync 'OWL2.txt', 'utf8'
```

readFileSync直接把文件内容读到一个字符串中。Sync后缀意味着这个函数与绝大多数的Node.js I/O函数不一样，它会阻塞程序的执行，直到自己运行结束。如果在读取文件的同时，我们还要在后台做一些事情的话，就需要使用带有callback的readFile来替代，以便操作系统在后台读取文件的同时，我们的程序能够继续执行下去。

词典的每一行包括一个单词以及该单词的定义和句子成分，例如：

```
OD a hypothetical force of natural power [n -S]
```

我们不会使用这些混乱的附加信息，用一个简单正则表达式来提取每行中第一个单词：

Collections/5×5/game.coffee

```
wordList = owl2.match /^(\w+)/mg
```

然后对单词数组中的单词进行过滤，以便留下来的单词能够适应网格的大小：

Collections/5×5/game.coffee

```
wordList = (word for word in wordList when word.length <= GRID_SIZE)
```

这里的GRID_SIZE是之前设置的一个常量，其值为5。（当然，我们也可以调整正则表达式确保其只提取出足够短的单词，以此来获得更高的效率。）

现在定义一个函数来检查给定的单词是否有效：

Collections/5×5/game.coffee

```
isWord = (str) ->
  str in wordList
```

很简单，不是吗？回忆一下，x in arr表示值x是否在数组arr中。（这与JavaScript中的in不一样，在CoffeeScript中与其对应的是of。）

生成一个随机的网格就有点复杂了。首先我们需要一种方法，它能以准确的概率分布随机地产生单词：

① http://www.zyzzyva.net/wordlists.shtml

3

Collections/5×5/game.coffee

```
# Probabilities are taken from Scrabble, except that there are no blanks.
# See http://www.hasbro.com/scrabble/en_US/faqGeneral.cfm
tileCounts =
  A: 9, B: 2, C: 2, D: 4, E: 12, F: 2, G: 3, H: 2, I: 9, J: 1, K: 1, L: 4
  M: 2, N: 6, O: 8, P: 2, Q: 1, R: 6, S: 4, T: 6, U: 4, V: 2, W: 2, X: 1
  Y: 2, Z: 1
totalTiles = 0
totalTiles += count for letter, count of tileCounts

# JavaScript hashes are unordered, so we need to make our own key array:
alphabet = (letter for letter of tileCounts).sort()

randomLetter = ->
  randomNumber = Math.ceil Math.random() * totalTiles
  x = 1
  for letter in alphabet
    x += tileCounts[letter]
    return letter if x > randomNumber
```

现在使用一个嵌套的列表解析来生成网格：

Collections/5×5/game.coffee

```
# grid is a 2D array: grid[col][row], where 0, 0 is the upper-left corner
grid = for x in [0...GRID_SIZE]
  for y in [0...GRID_SIZE]
    randomLetter()
```

我们还想打印出漂亮的网格（这是一款拼字游戏，而不是魔域[①]）。

Collections/5×5/game.coffee

```
printGrid = ->
  # Transpose the grid so we can draw rows
  rows = for x in [0...GRID_SIZE]
    for y in [0...GRID_SIZE]
      grid[y][x]
  rowStrings = (' ' + row.join(' | ') for row in rows)
  rowSeparator = ('-' for i in [1...GRID_SIZE * 4]).join('')
  console.log '\n' + rowStrings.join("\n#{rowSeparator}\n") + '\n'
```

最后，来做记分模块。我们将从一个散列表以及一个数组开始，前者用于存储Scrabble中各字母的分值，后者用于跟踪用的单词：

① 魔域（Zork）是第一款文字冒险游戏，在此类游戏软件中，玩家输入文字指令来控制角色，游戏界面相对比较简陋，基本上只有文字输入输出的交互。——译者注

Collections/5×5/game.coffee

```
# Each letter has the same point value as in Scrabble.
tileValues =
  A: 1, B: 3, C: 3, D: 2, E: 1, F: 4, G: 2, H: 4, I: 1, J: 8, K: 5, L: 1
  M: 3, N: 1, O: 1, P: 3, Q: 10, R: 1, S: 1, T: 1, U: 1, V: 4, W: 4, X: 8,
  Y: 4, Z: 10

moveCount = 0
score = 0
usedWords = []
```

现在轮到真正的记分函数了。它接受一个网格对象和两个被交换方格的零基坐标作为参数，并且依赖wordsThroughTile函数——该函数会返回所有经过某个特定方格的单词：

Collections/5×5/game.coffee

```
scoreMove = (grid, swapCoordinates) ->
  {x1, x2, y1, y2} = swapCoordinates
  words = wordsThroughTile(grid, x1, y1).concat wordsThroughTile(grid, x2, y2)
  moveScore = multiplier = 0
  newWords = []
  for word in words when word not in usedWords and word not in newWords
    multiplier++
    moveScore += tileValues[letter] for letter in word
    newWords.push word
  usedWords = usedWords.concat newWords
  moveScore *= multiplier
  {moveScore, newWords}
```

wordsThroughTile函数内部有些复杂，因为我们需要从4个不同的方向经过二维数组中的同一个点，同时还需要确保不会越界。让我们来看一下整个函数，然后再分开解释：

Collections/5×5/game.coffee

```
wordsThroughTile = (grid, x, y) ->
  strings = []
for length in [MIN_WORD_LENGTH..GRID_SIZE]
  range = length - 1
  addTiles = (func) ->
    strings.push (func(i) for i in [0..range]).join ''
  for offset in [0...length]
    # Vertical
    if inRange(x - offset, y) and inRange(x - offset + range, y)
      addTiles (i) -> grid[x - offset + i][y]
    # Horizontal
    if inRange(x, y - offset) and inRange(x, y - offset + range)
      addTiles (i) -> grid[x][y - offset + i]
    # Diagonal (upper-left to lower-right)
```

3

```
    if inRange(x - offset, y - offset) and
       inRange(x - offset + range, y - offset + range)
      addTiles (i) -> grid[x - offset + i][y - offset + i]
    # Diagonal (lower-left to upper-right)
    if inRange(x - offset, y + offset) and
       inRange(x - offset + range, y + offset - range)
      addTiles (i) -> grid[x - offset + i][y + offset - i]
str for str in strings when isWord str
```

外层循环for length in [MIN_WORD_LENGTH..GRID_SIZE]会对所有符合游戏规则的单词长度（此处是从2到5）进行迭代。定义addTiles函数，它使用从0到length-1的每一个整数值i，来调用给定的函数，然后将该函数所有返回值（是一堆字符）合并为一个字符串。传递给addTiles的参数其实是这样一个函数：它接受参数i，然后返回从开始点向特定方向前进i步后的方格中的字母值。

存在内层循环for offset in [0...length]是因为我们想获得经过给定方格的所有单词，而不单单是以它开头的单词。举个例子，在垂直方向上，当坐标为0时，我们取从给定方格开始向下的所有单词；当坐标为1时，我们取从给定方格上方的方格开始向下的所有单词，依次向上直到网格的边缘。

说到边缘，inRange检查函数确保了备选单词的两头都在网格内。如果这些检查都通过了，我们就把一个回调函数传递给addTiles，该函数为其提供每次迭代i步后所对应的方格中的字母值，然后addTiles把拼接出来的备选单词压入字符串列表中。能够通过isWord测试的单词会作为函数的返回值返回。

（给addTiles传递函数可能看起来没有必要，但它实际上大大简化了wordsThroughTile函数。在一个较老版本的代码中，同样的循环和连接的代码重复了4次！）

唷，现在可以初始化游戏了。我们需要计算游戏初始就已经在网格中的单词，可以运行scoreMove让每个方格与其本身“交换”来实现：

Collections/5×5/game.coffee

```
console.log "Welcome to 5x5!"
for x in [0...GRID_SIZE]
  for y in [0...GRID_SIZE]
    scoreMove grid, {x1: x, x2: x, y1: y, y2: y}
unless usedWords.length is 0
  console.log """
    Initially used words:
    #{usedWords.join(', ')}
  """
console.log "Please choose a tile in the form (x, y)."
```

最后，把上一章的提示输入代码插进来，稍作修改以便能正常工作：

Collections/5×5/game.coffee

```
promptForTile1 = ->
  printGrid()
  console.log "Please enter coordinates for the first tile."
  inputCallback = (input) ->
    try
      {x, y} = strToCoordinates input
    catch e
      console.log e
      return
    promptForTile2 x, y
```

Collections/5×5/game.coffee

```
promptForTile2 = (x1, y1) ->
  console.log "Please enter coordinates for the second tile."
  inputCallback = (input) ->
    try
      {x: x2, y: y2} = strToCoordinates input
    catch e
      console.log e
      return
    if x1 is x2 and y1 is y2
      console.log "The second tile must be different from the first."
    else
      console.log "Swapping (#{x1}, #{y1}) with (#{x2}, #{y2})..."
      x1--; x2--; y1--; y2--; # convert 1-based indices to 0-based
      [grid[x1][y1], grid[x2][y2]] = [grid[x2][y2], grid[x1][y1]]
      {moveScore, newWords} = scoreMove grid, {x1, y1, x2, y2}
      unless moveScore is 0
        console.log """
          You formed the following word(s):
          #{newWords.join(', ')}

        """
        score += moveScore
      moveCount++
      console.log "Your score after #{moveCount} moves: #{score}"
      promptForTile1()
```

完工！运行游戏（coffee game.coffee），得到的结果如图4所示。

当然，这个程序还远远称不上完美。从前端来看，它的交互界面是不是有点过于古典了？从编程的角度上看，代码也非常混乱。下一章我们将把重心放在后一个问题上，然后使用jQuery把简陋的命令行游戏变成一个基于浏览器的用户体验更佳的游戏。最后，使用Node服务器端程序为其添加多人游戏功能。

CoffeeScript最好的地方就是可以在所有这些场景中重用代码。不管你的游戏是运行在浏览器端还是服务器端，计算每次移动得分的代码总是一样的。客户端和服务器端的一致性能有各种各样的实际应用——表单验证就是其中之一。此外，通过对对象和循环的全面了解，你已经开始精通CoffeeScript了。

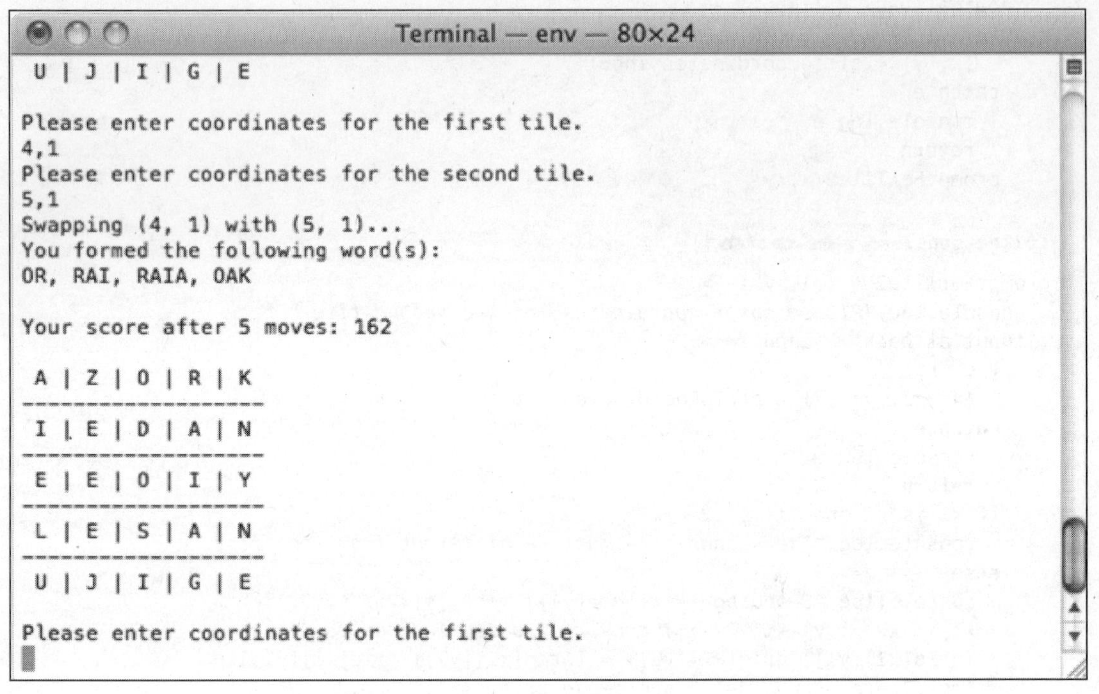

图4　命令行提示版试玩

3.8　进阶

完成下面的练习之后，你就可以把自己称作黄带CoffeeScripter了。如何拿到黑带？答案就是模块化、分块封装。尽管CoffeeScript表达能力强大，但一些程序还是要写很多代码。比起几个让人晕头转向的大文件，使用多个有明确功能定义的小文件会更好。

3.9　练习

(1) 使用slice复制整个数组是一个比较通用的方法：

```
coffee> original = ['Mary', 'Poppins']
coffee> copy = original[0..]
coffee> copy[0] = 'Sh' + copy[0][1..]
```

```
coffee> copy[1] = 'B' + copy[1][1..]
coffee> original.join ' '
Mary Poppins
coffee> copy.join ' '
Shary Boppins
```

请解释下`copy=orginal[0..]`与`copy=orginal`有什么不同。

(2) 下面这段代码说明了CoffeeSript的`for…in`与C语言风格的`for`循环的一点微妙区别。请解释为什么这段代码产生了下面的结果：

```
once = ->
  if once.hasRun
    null
  else
    once.hasRun = true
    [1, 2, 3]
console.log x for x in once()

1
2
3
```

(3) 下面这段代码的运行结果是什么？

```
for x in [1, 2]
  setTimeout (-> console.log x), 50
```

附加题：超时时间为0有关系吗？

参见6.3节中的“循环中的作用域”可获得提示。

(4) 回想下`'foo' in arr`，它可以告诉你数组`arr`中是否包含字符串`'foo'`，还有`'bar' of obj`可以告诉你`obj.bar`是否存在。但如何检查一个任意的对象是否包含某个特定的值呢？可以这样开始：

```
objContains = (obj, val) ->
```

(5) 假设我们想要一个函数，它至少运行一次，然后继续重复运行直到满足某个条件终止。在C、Java和JavaScript中，我们可以这样写：

```
do {
  user.harangue()
} while (!user.paidInFull)
```

直接与之等价的CoffeeScript：

```
user.harangue()
user.harangue() until user.paidInFull
```

但是这违反了神圣的DRY（不要重复自己）原则，请定义一个`doAndRepeatUntil`函数，接受两个函数（等价于循环体和循环条件），以便我们用如下方式重写之：

```
doAndRepeatUntil user.harangue, -> user.paidInFull
```

(6) 在本章的游戏项目中，我们把MIN_WORD_LENGTH设为了一个常量。然而，从模块化的角度来看，从加载到游戏中的字典获取该值会更合理。如何结合Math.min.apply和列表解析使用一行代码来实现这个方案？（Math.min会返回参数中的最小值，例如Math.min15, 16, 23, 42, 5, 8的返回值是5。）

第 4 章

模块与类

4

在之前的几章中，我们学习了如何使用CoffeeScript的动词和名词来造句。但是一个优雅的程序并不单是堆砌各种句型，我们还需要更高层次的抽象，尤其是需要一种明晰地描述对象类型的方法。

在典型的面向对象编程语言中，比如C++，对象和类是有明显差别的：对象是类的实例，它从类继承方法却存储自己的数据。而很多动态语言，比方说Ruby，则允许在运行时修改对象的方法，对象和类的区别则不会太大。但到了JavaScript，这种差别就根本不存在了：JavaScript没有类，只有便于对象间共享方法的原型。因此，JavaScript常常被说成是一种基于原型的编程语言。

虽然这种实现共享的动态方法很强大，但却有损代码的可读性。如果你正在阅读那些严格基于类的语言的源码，且想找出某个特定对象上支持哪些方法，只需查看用来定义该对象的类的代码就行了。但如果想知道一个JavaScript对象都有哪些方法（在不运行代码的情况下），你就必须在整个程序中追踪每个可能的该对象的引用或者其原型的引用。

这几年诞生了几种模式，它们可以把JavaScript代码以某种跟类较为相像的方式组织起来，而后逐渐形成了一种标准的模式。CoffeeScript中`class`关键字即根源于此。在本章中，我们将学习CoffeeScript中的类的工作原理，然后用它来将5 × 5游戏代码模块化。

不过，在学习CoffeeScript类之前，需要先谈一下CoffeeScript中模块之间是如何交互的。

4.1 模块：解构程序

在浏览器环境中，JavaScript与文件无关，无论有多少个文件，它们都只是一连串的代码而已。因此，如果在同一个程序中有两个文件恰好创建了同名的全局变量，那么它们将不得不干上一架，或许最好的代码会赢。

对于复杂的JavaScript程序来说这是一个严重的问题。如果一个小组拆分了一个项目，他们如何防止覆盖彼此的变量？如何确保下载的开源代码不会与自己的代码发生冲突呢？

用命名空间即可解决。在JavaScript中（当然在CoffeeScript中也一样），每个函数都有自己的命名空间，每个在函数中定义的变量在函数外不可见。因此，有一种常见JavaScript编程风格，即用一个即时执行的函数把每个文件包裹起来使其形成模块。像Node.js这样的服务器端环境（它实现了CommonJS标准[①]），只会把每个文件当做单独的模块来看。

就如1.3.1节“包裹中的JavaScript”专题所讲，CoffeeScript编译器会把所有的.coffee文件都包裹在一个匿名的函数中，除非它在编译时使用了`--bare`参数。由于在JavaScript中很容易漏掉`var`关键字，所以CoffeeScript还会避免你错误地声明全局变量。但问题在于，模块间该如何共享数据的呢？

答案就是把共享的数据附加到一个已存在的全局变量上。一种选择是使用根对象，它是唯一一个能自由访问其属性的对象。在浏览器环境中根对象是`window`，在Node中是`global`。

事实上，所有你习以为常的全局对象都是根对象的属性。例如，`parseInt`实际上是`window.parseInt/global.parseInt`，`Math`实际上是`window.Math/global.Math`。就连定义内置类型的对象，如`String`，实际上也是`window.String/global.String`。

在JavaScript中，给根对象添加属性很简单——事实上，当你无意之间省略了关键字`var`的时候，就已经给`root`添加了属性。但相反，CoffeeScript中就需要明确定义：

```
root = global ? window

# file1.coffee
root.emergencyNumber = 911

# file2.coffee
console.log emergencyNumber                  # '911'
emergencyNumber is root.emergencyNumber  # true
```

第一行代码定义了`root`变量，如果`global`存在则赋值为`global`，否则为`window`，以此来保证同时兼容Node和浏览器环境。

Node还有另外一个特殊的对象`exports`。通常，它比`global`（更多信息见6.2节）更常用。上面的例子使用了`global ? window`，而没有用`exports ? window`，这样代码在任何环境中看起来才都一样。另一种选择是使用一个类库，比如说RequireJS[②]，它允许你以同样的方式在各种环境中构建模块化代码，而无需使用像`global`和`window`这类默认情况下到处可用的对象。

当然，把任何小东西都放到全局命名空间上也并不是什么好的做法。相反，将变量打包到一个清晰的引用对象会更加合理。下面是一个例子：

① CommonJS是一组服务器端JavaScript标准，此项目在早期的ServerJS工作成果基础上发展而来，旨在为Web服务器、桌面应用和命令行应用创建完整的JavaScript生态系统。——译者注

② http://requirejs.org/

```
root = global ? window
root.httpCodes =
  movedPermanently: 301
  pageNotFound:     404
  serverError:      500
```

一旦这个模块执行，其他模块就可以引用其中的变量了，比如httpCodes.pageNotFound。

4.2　原型的威力

介绍类之前一定要先理解原型的工作原理。熟悉JavaScript的读者把本节当成一次复习即可。

原型其实就是一种对象，由原型衍生出的所有对象都能共享原型的属性。一个对象的原型通常可以通过所谓的prototype属性来访问，当然也有例外①。

然而，不能直接写A.prototype = B。而应该使用new关键字，它会接受一个constructor函数，然后新建一个继承该构造函数的原型的对象。下面是一个简短的例子：

```
Boy = ->     # by convention, constructor names are capitalized
Boy::sing = -> console.log "It ain't easy being a boy named Sue"
sue = new Boy()
sue.sing()
```

这里，Boy::sing是Boy.prototype.sing的简写。符号::之于prototype就像@之于this。

警告：全局变量和隐式声明

尽管无需引用root对象就能取得全局变量，但不能以同样的方式为它们赋值。这是一个非常容易犯的错误：

```
root = global ? window

# file1.coffee
root.dogName = 'Fido'
dogName is root.dogName  # true

# file2.coffee
console.log dogName      # undefined
dogName = 'Bingo'
dogName is root.dogName  # false
```

为什么第二个文件开头，没有定义dogName呢？这是因为随后就给一个同名的变量赋了值。CoffeeScript会认为这是一个新的变量声明，而且所有的变量声明都会自动移动到作用域的最顶端。

因此记住：为一个全局变量赋值时一定要通过root对象，形如x=y的语句永远无法改变其他模块中的x。

① http://javascriptweblog.wordpress.com/2010/06/07/understanding-javascript-prototypes/

输出如下：

```
It ain't easy being a boy named Sue
```

这是sue继承Boy.prototype属性的结果。超酷！但它是如何运作的呢？

当我们使用new时，发生了几件事情：创建出一个新对象，它从构造函数那里获得了原型，然后再以新对象作为上下文执行构造函数体。因此，假设我们想要每个新对象都能够保存自己的名字，并且能够输出当前的礼物个数：

```
Gift = (@name) ->
  Gift.count++
  @day = Gift.count
  @announce()

Gift.count = 0
Gift::announce = ->
  console.log "On day #{@day} of Christmas I received #{@name}"

gift1 = new Gift('a partridge in a pear tree')
gift2 = new Gift('two turtle doves')
```

这是输出结果：

```
On day 1 of Christmas I received a partridge in a pear tree
On day 2 of Christmas I received two turtle doves
```

原型、优先级和hasOwnProperty

如果一个对象从一个原型中继承了属性，那么修改原型也就会修改对象上继承的属性：

```
Classes/Raven.coffee
Raven = ->
Raven::quoth = -> console.log 'Nevermore'
raven1 = new Raven()
raven1.quoth()    # Nevermore

Raven::quoth = -> console.log "I'm hungry"
raven1.quoth()    # I'm hungry
```

直接赋值给对象的属性优先于原型上的属性。因此可以这样消除歧义：

```
Classes/Raven.coffee
raven2 = new Raven()
raven2.quoth = -> console.log "I'm my own kind of raven"
raven1.quoth()    # I'm hungry
raven2.quoth()    # I'm my own kind of raven
```

要确定一个属性是直接赋值给对象还是从原型继承而来，可以使用hasOwnProperty函数：

```
Classes/Raven.coffee
console.log raven1.hasOwnProperty('quoth')  # false
console.log raven2.hasOwnProperty('quoth')  # true
```

每次构造函数Gift执行时，它都会做4件事情：把传入的名称赋值给@name（使用属性参数的简写法），为构造函数Gift的count属性加1，把count的值复制到@day，然后运行从原型继承来的@announce函数。值得注意的一点是，新对象的所有函数都是以自身作为上下文而执行的。

这都没什么问题，但是不是稍微有点混乱？是不是应该有某种比较清晰的方式，以区别构造函数属性（比如Gift.acount）和原型属性（比如Gift::announce），以及构造函数和普通函数。嗯，实际上有。

4.3 类：原型函数

CoffeeScript的类定义语法与对象的定义语法很像。这并不是巧合，定义一个类其实就是定义一个对象。确切地来说，你定义的是一个原型。如果你定义了constructor函数，那它是唯一不属于原型的类属性。

让我们看一个例子，阐明一个众所周知的事实：单个毛球族[①]制造的麻烦与全部毛球族的数量成正比：

Classes/Tribble.coffee

```
class Tribble
  constructor: ->
    @isAlive = true
    Tribble.count++

  # Prototype properties
  breed: -> new Tribble if @isAlive
  die: ->
    Tribble.count-- if @isAlive
    @isAlive = false

  # Class-level properties
  @count: 0
  @makeTrouble: -> console.log ('Trouble!' for i in [0..@count]).join(' ')
```

这里有很多新语法，让我们依次讨论。

每次新建一个毛球族，Trible.count就加1（在这里可以将其写作@count，因为在类内部的this值就是类本身）。调用Trible.makeTrouble()时，它会输出Trible.count次“Trouble!”。

4

① 毛球族（tribble）出自一部名为《星际旅行：原初》的科幻电视系列剧第二季最受欢迎的一集《毛球族的麻烦》（the Trouble with Tribbles）。——译者注

测试一下：

Classes/Tribble.coffee

```
tribble1 = new Tribble
tribble2 = new Tribble
Tribble.makeTrouble()   # "Trouble! Trouble!"
```

注意，在Tribble类的上下文中可以用@count来访问Tribble.count，但在Tribble的方法中却不可以。乍一看可能会有点莫名其妙，但别忘记我们涉及3个对象：Tribble对象本身（实际上就是contructor函数）、Tribble.prototype和Tribble类的实例。默认情况下，Tribble类的属性（除了contructor）都会附加到原型上。当使用@前缀时，就明确表示我们想把该属性添加到类对象本身上去[①]。

因为添加到原型上的函数（包括构造函数）都是以各自的对象作为上下文被调用的，在这些函数中有@前缀的变量指向的都是实例属性。这就是我们之所以会在构造函数中定义@isAlive的原因：我们需要为每个实例添加各自的@isAlive属性。可以这样做：

Classes/Tribble.coffee

```
tribble1.die()
Tribble.makeTrouble()   # "Trouble!"
```

由于有if @isAlive的检查，再次杀死tribble1就没什么影响了。而且众所周知，毛球族是胎生的，因此要不了多久就会有新的生物住到我们的程序中：

Classes/Tribble.coffee

```
tribble2.breed().breed().breed()
Tribble.makeTrouble()   # "Trouble! Trouble! Trouble! Trouble!"
```

4.4　使用 extends 来继承

到目前为止，我们已经介绍了原型是如何轻松地让大量对象共享彼此的功能，以及CoffeeScript的类是怎样提供一个有用的语法来将原型属性绑定到一起的。如果这就是类的全部功能，那它似乎也没多大用处。用到继承时类的优势才凸显出来。

JavaScript通过“原型链”来实现继承。假设，A的原型是B，B又有自己的原型C。然后我们写了这样的代码：

```
a = new A
console.log a.flurb()
```

首先，运行时查看这个特殊的类A的实例a上是否有一个flurb的属性；如果没有则查看A的原型B；如果还是没找到，则继续查看B的原型C。简而言之，它会遍历整个原型链。

① 即类属性（类的静态变量）。——译者注

如果C上也没有flurb会怎么样？那运行时就会检查默认对象的原型（即{}的原型）。也就是说，每个对象其实都继承了{}的原型，但之间可能会包含其他原型。

所有这些把原型给原型再给原型的赋值会变得有些混乱。这就是CoffeeScript中需要extends的原因。

声明如下：

```
class B extends A
```

然后B的原型就继承自A的原型，另外还把A的类属性复制给了B。因此如果我们现在不再继续定义B，B的实例将有和A实例完全一样的行为。（有一个例外，B.name是'B'而A.name是'A'——name是一个特殊的属性。）

让我们来看一个稍微深入点的例子：

```
class Pet
  constructor: -> @isHungry = true
  eat: -> @isHungry = false

class Dog extends Pet
eat: ->
  console.log '*crunch, crunch*'
  super()
fetch: ->
  console.log 'Yip yip!'
  @isHungry = true
```

Dog继承了Pet的构造函数，这意味着狗开始饿了。当小狗吃东西时，它会发出一些声音然后调用super()，super()的意思是“调用父类同名的方法”（精确地说就是Pet::eat.call this）。然后这只狗就不饿了。

如果在子类上定义了一个构造函数，那它会覆盖父类的构造函数。不过它随时都可以用super()来调用父类的构造函数。在子类构造函数开始时就调用super()（更常用的是super，参见“super不是super()”专题）通常是明智之举。

想象不到吧？关于类，你已经知道了所有需要了解的内容。由于这些东西都是基于CoffeeScript的，所以语法可能与JavaScript有较大差别，但是编译后的代码简单易懂。如果你是一个传统OOP（面向对象编程）方法论的卫道士，那下面的内容为你而设。

多态与类型转换

类的一大应用就是多态。多态是一个面向对象编程的高级术语——“一个东西可变成很多不同的东西，但不是任何东西”。下面是一个典型的例子：

```
class Shape
  constructor: (@width) ->
  computeArea: -> throw new Error('I am an abstract class!')
```

```
class Square extends Shape
  computeArea: -> Math.pow @width, 2

class Circle extends Shape
  radius: -> @width / 2
  computeArea: -> Math.PI * Math.pow @radius(), 2

showArea = (shape) ->
  unless shape instanceof Shape
    throw new Error('showArea requires a Shape instance!')
  console.log shape.computeArea()

showArea new Square(2)  # 4
showArea new Circle(2)  # pi
```

注意到函数showArea会检查传入的对象是否是一个Shape的实例（使用instanceof关键字），但它并不关心给它的是何种形状（Shape）。Square或者Circle实例都行。尽管这只是一个小示例，但不难想象，采用此种方法的功能丰富的几何图形库。

super不是super()

下面的代码有什么问题？

```
class Appliance
  constructor: (warranty) ->
    warrantyDb.save(this) if warranty

class Toaster extends Appliance
  constructor: (warranty) ->
    super()
```

当创建一个新的Toaster时，super()没有照样传递warranty参数而是直接调用父类的构造函数，这意味着新的烤面包机（toaster）并不会存储到质保（warranty）数据库中。

我们可以使用super(warranty)来解决这个问题，同时也可以用另一种简写方式：super。没有括号也没有参数的super会传递当前函数的所有参数。Ruby程序员对此比较熟悉。如果不是Ruby程序员，那你就把super想象为一个非常非常贪婪的关键字吧——如果没有告诉它你想传递哪些参数，它会传递所有的参数。

如果不使用instanceof检查，这就会变成著名的“鸭子类型”（意思是“如果它看起来像一只鸭子……”[①]）。就算目标对象没有computeArea方法，我们总能得到一条有意义的错误信息。虽然鸭子类型很好，但有时候需要确定特定对象是否有如预期。

在更加经典的面向对象语言中，有一种结合switch使用多态的惯用语法。我们还没有讨论过CoffeeScript中的switch，它与JavaScript中的switch有几点不同：首先，它在每个分句之间都

① 完整的意思是：“当看到一只鸟走起来像鸭子，游起来像鸭子，叫起来也像鸭子，那么这只鸟就可以被称为鸭子。”——译者注

有隐式的打断（break）[1]，以防止意外的“落空”（fallthrough）[2]；其次，switch的运行结果会被用作它的返回值。（使用该返回值时，就不能使用break或return语句。如果你非要这样试试看，会得到Syntax-Error: cannot include a pure statement in an expression错误。用行话来说就是，a=return x没有意义，因此编译器不允许存在这种可能性。）

CoffeeScript还做了一些语法上的改变，这在某种程度上提醒了JavaScript程序员注意那些隐藏的差异：使用when代替了case，else代替了default（关键字借鉴了Ruby，在Ruby中case结构语义相似）。单个when后面可以跟几个潜在的匹配（match），匹配之间用逗号隔开。同样，作为:的替代，也可以使用缩进（或者then）把匹配分句与它们产生的结果隔开。

下面是如何把它们合并到一个工厂函数中去的示例：

```
requisitionStarship = (captain) ->
  switch captain
    when 'Kirk', 'Picard', 'Archer'
      new Enterprise()
    when 'Janeway'
      new Voyager()
    else
      throw new Error('Invalid starship captain')
```

关于模块和类我们就讨论这些。只要记住，CoffeeScript绝不会要求你必须使用类或者使用经典的面向对象的设计模式——毕竟，不使用它们，大多数JavaScript工程师也能干得很出色。但是对于某些程序来说，类就显得尤为适合。

说到这里，还记得上一章程序中混乱的代码吗？来看看我们能对它们做点什么吧。

4.5 项目：重构5×5游戏

类编程提倡模块化和可扩展性，它为我们重构当前的代码提供了一种简单的方式。让我们创建3个类：

(1) Dictionary，用于查找网格中合法的单词；

(2) Grid，管理字母方格；

(3) Player，记录玩家的分数。

把这3个类分别保存到3个不同的.coffee文件中。同时，确保这些类不但能够运行在Node.js上，而且还能兼容所有主流浏览器，以此来为下一章的jQuery版游戏打好基础。为了游戏能在Node上运行，使用一个名为console.coffee的文件提供一个输入模块，并引入这3个类。

① 即break语句。——译者注

② 即在JavaScript的switch语句中，上一个case中无break语句，会继续执行下一个case中的语句，不管是否匹配该case。——译者注

4.5.1 Dictionary 类

因为我们需要支持浏览器，所以有必要将文本文件中的单词列表转化为JavaScript代码，以便能直接加载它。我写了一小段代码，正好能做到这些：

Classes/5×5/convert.coffee

```
fs = require 'fs'
owl2 = fs.readFileSync 'OWL2.txt', 'utf8'
wordList = owl2.match /^(\w+)/mg
fileContents = """
  root = typeof exports === "undefined" ? window : exports;
  root.OWL2 = ['#{wordList.join "',\n'"}']
"""
fs.writeFile 'OWL2.js', fileContents
```

这里的三重双引号"""语句，Python程序员应该比较熟悉，它被称作*定界字符串*，允许你用高度可读的格式来书写多行字符串。也可以使用三重单引号'''来定义一个定界字符串。"""和'''之间的区别与"和'之间的一样：前者能够使用字符串插值，后者则不能。

运行这段脚本，生成的OWL2.js看起来如下：

```
root = typeof exports === "undefined" ? window : exports;
root.OWL2 = ['AA',
...
'ZOOGEOGRAPHICAL'];
```

（简洁起见，我省略掉了中间的178 687行代码。）

现在，为了让Dictionary与Node解耦，让我们把单词列表和游戏的网格传递给Dictionary的构造函数：

Classes/5×5/Dictionary.coffee

```
class Dictionary
  constructor: (@originalWordList, grid) ->
    @setGrid grid if grid?
```

注意第一个参数被隐式地赋值给了@originalWordList（我们已在2.4节讨论过该特性）。

新游戏开始时传入一个新的网格，并调用setGrid。这个网格的大小可能会有变化，因此每次我们都会复制和过滤原始的单词列表（slice(0)是一个众所周知的用来复制JavaScript数组的技巧）。

Classes/5×5/Dictionary.coffee

```
setGrid: (@grid) ->
  @wordList = @originalWordList.slice(0)
  @wordList = (word for word in @wordList when word.length <= @grid.size)
  @minWordLength = Math.min.apply Math, (w.length for w in @wordList)
  @usedWords = []
```

```
    for x in [0...@grid.size]
      for y in [0...@grid.size]
        @markUsed word for word in @wordsThroughTile x, y
```

注意，在这里我们还重置了usedWords。我们还需要一种方法来指明某个单词是否已被使用过：

Classes/5×5/Dictionary.coffee

```
markUsed: (str) ->
  if str in @usedWords
    false
  else
    @usedWords.push str
    true
```

让我再提供两个函数，一个用来判断某个字符串是否是合法的单词，另一个则判断在当前的游戏中该单词是否可用：

Classes/5×5/Dictionary.coffee

```
isWord: (str) -> str in @wordList
isNewWord: (str) -> str in @wordList and str not in @usedWords
```

接下的部分比较难：给定一对坐标，希望找到所有经过这个Grid实例方格的单词。既然基本上与上一章我们写的wordsThroughTile函数一样，因此可以直接将其粘贴过来。

现在，为了能够访问这个类，让我们把它变成全局变量：

Classes/5×5/Dictionary.coffee

```
root = exports ? window
root.Dictionary = Dictionary
```

4.5.2 Grid 类

在定义Grid类之前，先放其他几个变量到grid.coffee中，以使它们拥有模块级的作用域：

Classes/5×5/Grid.coffee

```
tileCounts =
  A: 9, B: 2, C: 2, D: 4, E: 12, F: 2, G: 3, H: 2, I: 9, J: 1, K: 1, L: 4
  M: 2, N: 6, O: 8, P: 2, Q: 1, R: 6, S: 4, T: 6, U: 4, V: 2, W: 2, X: 1
  Y: 2, Z: 1

totalTiles = 0
totalTiles += count for letter, count of tileCounts
alphabet = (letter for letter of tileCounts).sort()

randomLetter = ->
```

4

```
  randomNumber = Math.ceil Math.random() * totalTiles
  x = 1
  for letter in alphabet
    x += tileCounts[letter]
    return letter if x > randomNumber
```

在实例化网格时，我们需要让它的初始tiles矩阵能够自动生成：

```
Classes/5×5/Grid.coffee
class Grid
  constructor: ->
    @size = size = 5
    @tiles = for x in [0...size]
      for y in [0...size]
        randomLetter()
```

现在我们要定义几个简单的函数，这些函数可以检查一个坐标(x,y)是否超出了范围，并交换两个方格（给定一个包含两对坐标值的对象），而且能够得到一个方格交换后的网格（一个行数组而不是一个列数组）。

```
Classes/5×5/Grid.coffee
inRange: (x, y) ->
  0 <= x < @size and 0 <= y < @size

swap: ({x1, y1, x2, y2}) ->
  [@tiles[x1][y1], @tiles[x2][y2]] = [@tiles[x2][y2], @tiles[x1][y1]]

rows: ->
  for x in [0...@size]
    for y in [0...@size]
      @tiles[y][x]
```

类全局化的两行代码就交给你了。

4.5.3 Player 类

每个Player实例应该有自己的名字以及一个初始化网格（它并不是每个Player实例必须要有的）。（和Dictionary一样，当一个新游戏开始时，我们就调用setGrid函数。）自然每个玩家开始的分数应当为0：

```
Classes/5×5/Player.coffee
class Player
  constructor: (@name, dictionary) ->
    @setDictionary dictionary if dictionary?

  setDictionary: (@dictionary) ->
    @score = 0
    @moveCount = 0
```

为玩家提供移动的方法：

Classes/5×5/Player.coffee

```
makeMove: (swapCoordinates) ->
  @dictionary.grid.swap swapCoordinates
  @moveCount++
  result = scoreMove @dictionary, swapCoordinates
  @score += result.moveScore
  result
```

4.5.4 Console.Coffee 接口

上一章中未被我们重构到其他类中去的所有代码——即所有与命令行IO有关的代码——现在都在`console.coffee`中了。我不想在这里重述这些复用的代码，但比较重要的部分是最前面的这4行：

Classes/5×5/console.coffee

```
{Dictionary} = require './Dictionary'
{Grid} = require './Grid'
{Player} = require './Player'
{OWL2} = require './OWL2'
```

位于每个文件名之前的./前缀能让Node从当前目录加载该文件。还有另外一种方法（该方法已被添加到Node 0.4中），可以在`console.coffee`所在的工作目录下新建一个名为node_modules的目录，然后把这些文件放到里面[①]。这样就不需要任何前缀了。

已经搞定了！你来自己试一下吧：

```
$ coffee console.coffee
Welcome to 5x5!
```

我们已经把杂乱的老代码重构成了4个清晰漂亮的模块，其中的3个模块，我们将在接下来的两章中重用它们，先是在浏览器中重用，然后是在服务器端。把可复用的游戏逻辑代码从命令行的代码中分离出来，为我们自己省去了大量的工作。至于与命令行相关的代码，（松一口气）我们再也不会提及了。继续前进吧！

4.6 就如"一勺糖"[②]

在本章中，我们学习了CoffeeScript支持模块化编程的两种方式：首先，除了明确输出的变量

---

① http://nodejs.org/docs/v0.4.8/api/modules.html。

② *a Spoonful of Sugar*是著名影片*Mary Poppins*（《欢乐满人间》）中的一首歌。其作者Robert Bernard Sherman在创作该歌曲时，从自己生病的孩子中获得灵感，遂创作了这首原名为*A Spoonful of Sugar Helps the Medicine Go Down*的著名歌曲。本书作者在这里意指CoffeeScript提供的`Class`特性，让开发者能够愉快地使用设计优秀但运用难度很大的JavaScript原型特性。——译者注

4

之外，每个文件（“模块”）之间彼此是隔离开的；其次是可以把函数和数据组合成类。

我们同时用两种方式来修整上一章的快餐版5 × 5游戏。结果呢？代码不但可读性更强了，而且重构难度大为降低，这和我们在下一章中（我们把基于文本的老版程序转换为一个新奇的Web程序）会看到的一样。另外，我们还将从JavaScript的好伙伴jQuery那里借助一些力量来完成此事。

4.7　练习

(1) 对输出结果作出解释，修改代码使原先的格言能够显示两次：

```
root = global ? window

root.aphorism = 'Fool me 8 or more times, shame on me'

do restoreOldAphorism = ->
  aphorism = 'Fool me once, shame on you'
  console.log aphorism
  console.log aphorism

  Fool me once, shame on you
  Fool me 8 or more times, shame on me
```

(2) 众所周知，精灵工人国际联盟组织[①]托管着所有精灵仅有的3个愿望，下面的代码是为了强制实施该规则而设计的，但是有一点瑕疵：

```
Genie = ->
Genie::wishesLeft = 3

Genie::grantWish = ->
  if @wishesLeft > 0
    console.log 'Your wish is granted!'
    @wishesLeft--
```

该段代码的问题在哪里，如何修改？

(3)遗憾的是，prototype属性并不是一个对象“真正”的原型，但幸好，可以通过__proto__取得真实的原型，不过并非所有的JS环境都支持__proto__，Internet Explorer就不支持。

然而，拿__proto__来阐明有关原型继承的规则还是非常有效的：

```
class Season
class Spring extends Season

(new Season).__proto__.__proto__
(new Spring).__proto__.__proto__.__proto__
```

在一个支持它的环境中（例如Node），这里所示的两个原型属性值是什么？

(4) 我们并没有讨论过关于在类上进行函数绑定的内容，因此，有必要给一个范例。你认为下面这段代码会产生什么样的结果？

① 这是作者为了举例需要虚构出来的一个组织，实际并不存在。——译者注

```
(window ? global).property = 'global context'
@property = 'surrounding context'
class Foo
  constructor: -> @property = 'instance context'
  bar: => console.log @property

foo = new Foo
bar = foo.bar
foo.bar()
bar()
```

为什么开发者更愿意使用->来定义bar方法?

第 5 章

jQuery Web交互开发

曾几何时，程序员还未受到笨重框架的羁绊，他们使用纯粹的JavaScript来编写Web程序。敢于冒险的人们漫步于这片沃土之上，为自己的程序设计出种种令人兴奋的功能。但并非一切都能尽如人意，因为这些精力充沛的骑士们所进行的每一次大胆的壮举，都不得不（至少）重复两次才行：一次在Netscape（包括由它衍生出来的开源浏览器）中，一次在Internet Explorer中。

为了摆脱这种额外的负担，程序员们就开始写一些函数，以避免写重复的代码。这些函数变得越来越多，越来越复杂，最终被合并到由数千行代码构成的类库中。很快它们就形成了不同的派系，MooTools、Prototype、Dojo和YUI就是其中的几个。

但在几年之后，有一个类库变得非常流行，几乎成为事实上的标准，它就是jQuery[①]。jQuery最初是在2006年由时年22岁的John Resig发布的。现在，在访问量排名前一万的网站中有将近三分之一的网站正在使用jQuery[②]，而John Resig也成为世界上最著名的程序员之一。最近，包括jQuery Mobile[③]在内的一些衍生品已经让大家熟知的jQuery语法远远超出了桌面Web的应用范畴。尽管其他类库仍然被广泛地使用，但jQuery确实是一枝独秀。

在本章中，我们将学习使用jQuery处理网页元素和响应事件的基础知识。（如果你熟悉JavaScript中的jQuery，那么这就只是一次温习，不同的是只需对语法稍加调整。）在本章的最后，我们将运用这些新学的超能力，把精巧的拼字游戏变为一个丰满的、基于浏览器的程序。

5.1 jQuery 之道

每个JavaScript类库都有自己独特的设计理念。jQuery的理念在于使JavaScript变得更加自然（CoffeeScipt也是这样）。

jQuery不会修改JavaScript的内置对象的原型，比如`String`和`Array`等。这是jQuery与Prototype最根本的区别，后者是流行度仅次于jQuery的JavaScript类库。Prototype的功能也很令人吃惊，但

① http://jquery.com/

② http://trends.builtwith.com/javascript/JQuery

③ http://jquerymobile.com/

是使用它就意味着有可能会破坏任何不基于Prototype编写的代码。例如，一个类库可能会使用`for x of arr`来迭代一个数组，但不会考虑到其中还包含了Prototype.js给`Array.prototype`添加的属性。（这也是迭代数组应该优先考虑使用`for..in`而不是`for…of`的部分原因。这种情况下`for own…of`同样可用，因为它会忽略没有通过`hasOwnProperty`检查的属性。）

而jQuery的超能力则都被安全地隐藏到一个对象上：`jQuery`对象，通常使用`$`作为它的别名。整本书中我们都将使用`$`别名，但要注意，可以禁用它，以防其他类库使用同样的变量名①。

可以使用jQuery对象做任何事情，从过渡动画到添加事件回调函数，再到从服务器端提取数据。而且这还无需使用成千上万可用的插件②。当然，因篇幅有限，本章及下一章无法详尽备至地介绍jQuery，但这些介绍足以使读者能够在钻研jQuery时避免一些常见错误。jQuery所有特性已经被精心地记录在http://api.jquery.com/上了。

5.2 操作 DOM

如果熟悉网页中原生的JavaScript，那你应该知道可以用像<p>之类的HTML标签来定义DOM元素，而使用JavaScript代码则可以从零开始创建、读取和修改这些元素。

jQuery使用自己的对象包装这些元素，比起直接使用这些元素来，通过这些包装对象能获得更多便捷的功能（以及更好的跨浏览器一致性）。要获取jQuery对象通常需要使用选择器——一个传递给jQuery对象③的字符串。我们将在5.3节学习更多与选择器相关的知识。目前你只需要知道，它们是CSS的一个超集。因此，要选择一个ID为`pikachu`的元素并且想把选择结果放在名为`$pokemon`（在jQuery对象前加`$`前缀是一种约定俗成的格式规范）的jQuery对象中，可以这样写：

```
$pokemon = $('#pikachu')
```

一旦获得了一个jQuery对象，你就掌控了一家巨大的函数兵工厂。一般说来，这些方法适用于所有的匹配对象。因此，如果有两个段落，并且添加了如下的代码，则这两个段落都将淡出：

```
$('p').fadeOut()
```

但"getter"类函数则是例外。它们只作用于第一个匹配的对象（一个众所周知的例外是`text`，它会把所有匹配元素的文本字段合并到一个字符串中）。看下面这行代码：

```
sonnet = $('p').html()
```

它只会返回文档中第一个段落的HTML内容。与此相反，"setter"类函数则会作用于所有匹配的对象。它们往往有着相同的函数名，例如：

① http://api.jquery.com/jQuery.noConflict/

② http://plugins.jquery.com/

③ 原文中使用"jQuery object"同时指代了两种不同的对象：一种是`jQuery`对象本身，另外一种是调用jQuery选择器生成的包装着DOM元素的自定义jQuery对象，译者在这里不作区分，请读者明辨。——译者注

5

```
sonnet = $('p').html()
$('p').html sonnet
```

这段代码首先读取第一个段落的HTML，然后把它赋值给所有匹配段落的HTML（text读取器不但会过滤掉所有的HTML标签，还会把所有匹配元素的内容连接到一起。当需要提取内容时，请仔细思考text和html谁更适合[①]）。当然这两行代码可以浓缩为如下所示的单行代码，不过会稍显晦涩：

```
$('p').html $('p').html()
```

这段故事的言外之意是：我们可以用jQuery和CoffeeScript写出优雅易读的代码——否则你就只能去写可运行的ASCII码图了[②]。能力越大，职责就越大。

5.3　学会选择

把一个字符串传给jQuery时，它会被当做一个选择器处理，然后会返回一个包含了匹配元素的对象。选择器的语法模仿且扩展了CSS选择器的语法。单独的一个HTML类型标签（比如说'p'）会匹配该类标签的所有元素。前面有#的标识符是一个ID，而前面有.的是一个类名。

那些DOM元素都哪里去了？

你创建的每一个jQuery对象都是有序的DOM元素列表，它被一个统一的、功能丰富的外壳包裹着。要从中获取这些元素，官方文档推荐使用get方法：

```
pikachu = $('#pikachu').get(0)
```

但是jQuery对象有个不可告人的小秘密，就是它们使用数值的索引来存储DOM元素，以此支持类数组式的访问：

```
pikachu = $('#pikachu')[0]
```

我们甚至可以使用像length和slice这样的数组函数（但是不能用push或者concat——不过可用add来代替）。

当然，除非你清楚自己正在干什么，否则应该尽量避免直接使用DOM元素。否则，有可能代码会通过Firefox DOM测试，却在IE7中挂掉。

可以列出多个选择器，使用逗号分隔，对其中的每一个进行匹配。例如，$('a, button, .link')将匹配全部的a元素、button元素和有link类的元素。可以使用$('a').add

① http://stackoverflow.com/questions/1910794/jquery-text-vs-html

② 指使用ASCII字符来表达图片的方式。可运行码图即用来表达图片的这些字符可以构成一个完整的可运行的程序。但这类程序代码可读性非常低。——译者注

(`$('button')).add($('.link')`)选取同样的元素集合。

使用空格连接在一起的多个选择器会进行子节点匹配。例如，`$('#header img')`匹配所有`img`标签，这些标签都包含在ID为`header`的元素中。链式地调用`find`方法也可以作出等价的选择：`$('#header').find('img')`。如果你只想得到`header`的直接子节点，既可以用CSS2语法的`$('#header > img')`，也可以使用调用链`$('#header').children('img')`。

除了这些CSS选择器之外，jQuery还添加了一些特殊的修饰语。例如，可以使用`$('tr:odd')`来单纯匹配表格的所有奇数行。要匹配只包含链接的列表项，可以用`$('li:has(a)')`。匹配所有选中的复选框则只需简单的使用`$(':checked')`即可。

在使用jQuery选择元素时有两个要点特别需要记住。首先，选择只会执行一次——选择器不是"活"的（不过，名副其实的`live`方法和与之功能类似的`delegate`函数则是例外，每当有事件触发时，它们都会视需要运行给定的选择器）。其次，在jQuery中单个元素和元素集合之间没有区别，一个元素就是一个大小为1的集合。举个例子，如果页面上的第一个`div`的`id`为`header`，则`$('#header')`、`$('div:first')`和`$('div').first()`是完全等价的。

晕头转向了吧？别紧张！重要的是记住一个基本概念：你给`$`函数传递一个字符串，它会给你返回一组元素。我们还会在后面的练习中介绍一些选择器技巧。http://api.jquery.com/category/selectors/上列出了jQuery支持的完整的选择器字符串列表。

5.4 响应事件

我们已经看到，通过jQuery，获取、更改元素甚至把新元素添加到页面中都变得非常简单。但在jQuery最核心的部分，还有一个惊人的神技，适合施与我们这些凡夫俗子使用：简易的事件绑定。

到底有多简单呢？假设我们想让页面上的大标题在每次被单击时都会获得一个惊叹号：

```
$('h1').click -> $(this).html $(this).html() + '!'
```

这段代码选出页面上的所有`h1`元素，然后给它们每个都绑定一个单击事件。当单击事件被触发时，它会把一个感叹号"!"添加到被单击元素的内容中。

事件回调函数会在触发该事件的DOM元素的上下文中被调用。通常，如上面的例子中所做的一样，我们需要使用`$(this)`把上下文元素jQuery化[①]。

假如，为相同的元素绑定多个同类型的事件会怎么样？

```
$('h1')
  .click(-> $(this).html $(this).html() + '!')
  .click(-> alert $(this).text())
```

① 即把上下文元素变为jQuery对象。——译者注

每一次click调用都是作用在同一元素上，详见“jQuery链组”专题。注意这里的空格并不是必需的，它们仅仅是一种代码格式规范。我们很容易就可以将其压缩为一行代码：$('h1').click(-> ...).click(-> ...)。这就意味着可以省略最后一行中回调函数两边的括号，但'h1'和第二行中回调函数的括号则还是必需的。

所有事件处理函数会按照它们被添加的顺序依次调用。因此当我们点击示例中的标题，'!'会被添加到它的内容中，添加后的结果会在一个（很恼人的）提示框中显示出来。

且听我说，可以使用unbind来解绑定函数。调用$elem.unbind()会解除$elem上所有的绑定。而$elem.unbind 'click'只会解绑定所有的单击事件。（如果想解绑特定的事件该怎么办？可以看本章最后的练习。）

jQuery链组

来看看这个：

```
$('#logo')
  .css(fontSize: 64)
  .hover(-> $(this).css(fontWeight: 'bold'))
  .click(-> alert 'How dare you click the mighty logo!')
```

我们在这里使用了链——几乎所有的jQuery方法都会返回调用它们的对象，所以上面的代码与下面这段等价：

```
$logo = $('#logo')
$logo.css fontSize: 64
$logo.hover -> $logo.css fontWeight: 'bold'
$logo.click -> alert 'How dare you click the mighty logo!'
```

通常来讲，链是个好东西——通过减少重复，它往往能提高代码的可读性，并且还能减少代码量。但是有必要提醒一下：一些jQuery开发者会变成“链式狂人”，将他们的整个程序转成一行又长又绕的代码。请适度使用它。

在开始项目之前，还有最后一点需要了解。还记得我说过选择器不是“活的”吗？好了，这个规则有一个特例，即使用“行如其名”的live方法来绑定一个事件时。让我们看一个例子：

```
$('#oldSpiceGuy').live 'click', -> alert "I'm on a horse."
$('body').html '<p id="oldSpiceGuy">The man your man could smell like</p>'
```

尽管起初第一行代码中的$('#oldSpiceGuy')并没匹配任何元素，但事件处理函数还是能工作。明白了吧，不同于jQuery的其他方法，当你进行选择时，live方法并不关心是否有匹配的元素，它只关心选择器字符串本身（jQuery允许通过.selector属性访问该字符串）。

完整解释live实现的原理已经超出了本书的范围，但可以提一下，它与“事件冒泡”[①]有关。

① http://www.alfajango.com/blog/the-difference-between-jquerys-bind-live-and-delegate/

5.5　项目：基于浏览器的 5×5 游戏

我们将用上一章用过的3个类文件Grid.coffee、Dictionary.coffee和Player.coffee来创建浏览器版本的5×5游戏。这3个文件封装了游戏的状态和逻辑。我们还会添加一个新的CoffeeScript文件jq5×5.coffee，它将定义连接index.html和style.css的接口。

5.5.1　index.html

为了进行生产部署，我们需要将CoffeeScript代码编译为JavaScript，然后把这些代码压缩合并到一个干净的代码包中。然而，从需求上来讲，在浏览器上编译也没有问题，可以使用http://jashkenas.github.com/coffee-script/extras/coffee-script.js上的coffee-script.js来实现。下面就把它包含进来，顺便也把原来的OWL2单词列表和jQuery都添加进来：

jQuery/5×5/index.html

```
<script type="text/javascript" src="coffee-script.js"></script>
<script type="text/javascript" src="OWL2.js"></script>
<script type="text/javascript" src="jquery-1.5.2.min.js"></script>
```

现在使用特殊的`type="text/coffeescript"`属性把源码引进来。

jQuery/5×5/index.html

```
<script type="text/coffeescript" src="Grid.coffee"></script>
<script type="text/coffeescript" src="Dictionary.coffee"></script>
<script type="text/coffeescript" src="Player.coffee"></script>
<script type="text/coffeescript" src="jq5x5.coffee"></script>
```

噢，还需要把`style.css`也加进来。

jQuery/5×5/index.html

```
<link rel="stylesheet" type="text/css" href="./style.css" />
```

页面的head部分就好了，现在还需要给body添加3个元素——一个名为message的p（用于显示信息），一个名为grid的div（用来容纳方格），还有一个名为scores的table（你猜它是干什么用的？）：

jQuery/5×5/index.html

```
<body>
  <p id="message"></p>
  <div id="grid"></div>
  <table id="scores">
    <tr>
      <th id="p1name"></th>
```

5

```
      <th id="p2name"></th>
    </tr>
    <tr>
      <td id="p1score"></td>
      <td id="p2score"></td>
    </tr>
  </table>
</body>
```

现在在浏览器中打开index.html。（Chrome用户必须使用-allow-file-access-from-files参数来打开浏览器。否则，Chrome的安全策略会阻止加载CoffeeScript文件。只有在浏览器中直接加载本地文件时才会出现这个问题，比如URL为file://开头时就会出现这种问题。在下一章中，我们将使用Node.js提供站点服务，以localhost://代之。）

5.5.2　style.css

原则上讲，CSS文件能够做到的所有事情，jQuery的css方法同样可以做到。但是，使用静态样式通常效率更高。例如，如果我们希望页面上的所有文本颜色都是深灰色的，只需要写一行：

```
body { color: #333 }
```

要在没有样式表的情况下做到这一点，每次创建包含文本的新元素时都不得不调用$elem.css 'color', '#333'。这很讨厌！

为了避免这些麻烦，现在让我们来看下该如何布局网页。在#grid div中使用5行ul，每行ul包含5个li来代表5×5方格。我们希望#grid居中显示，使用大号、等宽字体：

jQuery/5×5/style.css

```
#grid {
  position: relative;
  text-align: center;
  width: 480px;
  margin: 16px auto;
  padding: 32px 0;
  border: 2px solid #555;
  font-size: 64px;
  font-family: Monaco, "DejaVu Sans Mono", "Lucida Console", monospace;
}
```

为了让所有行都能横向显示，设置ul为list-style:none，并且把li设置为display:inline。我们还设置了cursor:pointer，以便鼠标能对方格做出类似于对链接那样的反应。另外，还提供一个hover效果，让方格在鼠标划过时改变颜色。当然，如果方格有selected类样式的话也会变色。

我们还需要一些其他CSS元素。包括一个#message用于提示进行下一步移动，一个.notice

div显示每次移动的结果，还有一个#scores表格：

jQuery/5×5/style.css

```
#message {
  position: relative;
  text-align: center;
  margin: 32px;
  font-size: 24px;
}
```

jQuery/5×5/style.css

```
.notice {
  position: relative;
  text-align: center;
  width: 486px;
  margin: 0 auto;
  padding: 16px 0;
  background: #eb4;
  font-size: 18px;
}
```

jQuery/5×5/style.css

```
#scores {
  position: relative;
  text-align: center;
  width: 484px;
  margin: 16px auto;
  border: 1px solid #555;
  font-size: 24px;
}
```

5.5.3 jq5×5.coffee

现在轮到项目的核心了！我们从定义一些变量开始，且这些变量要有模块级作用域：

jQuery/5×5/jq5×5.coffee

```
grid = dictionary = currPlayer = player1 = player2 = selectedCoordinates = null
```

创建一个newGame函数，在该函数中为绝大部分变量赋值。

jQuery/5×5/jq5×5.coffee

```
newGame = ->
  grid = new Grid
  dictionary = new Dictionary(OWL2, grid)
  currPlayer = player1 = new Player('Player 1', dictionary)
```

```
  player2 = new Player('Player 2', dictionary)
  drawTiles()

  player1.num = 1
  player2.num = 2
  for player in [player1, player2]
    $("#p#{player.num}name").html player.name
    $("#p#{player.num}score").html 0
  showMessage 'firstTile'
```

现在，因为这个函数引用了页面中的HTML，所以需要保证它在文档没有加载好之前不会被调用。因此，它应该是在$(document).ready回调时被调用：

jQuery/5×5/jq5×5.coffee

```
$(document).ready ->
  newGame()
  $('#grid li').live 'click', tileClick
```

你可能想知道mewGame中的drawTiles函数。下面就是drawTiles函数：

jQuery/5×5/jq5×5.coffee

```
drawTiles = ->
    gridHtml = ''
    for x in [0...grid.tiles.length]
      gridHtml += '<ul>'
      for y in [0...grid.tiles.length]
        gridHtml += "<li id='tile#{x}_#{y}'>#{grid.tiles[x][y]}</li>"
      gridHtml += '</ul>'
    $('#grid').html gridHtml
```

我们本可以使用jQuery分别产生、插入每个方格，但当你需要一次性向文档中插入一大堆东西时，创建一个大ol的HTML字符串并不是一件坏事。事实上，这种实现方法一般效率最高，因为修改字符串比修改DOM开销要小。

现在，在我们能处理输入之前，这还不能算是一个游戏——我们需要定义tileClick，在该函数中，我们将使用jQuery的live函数把它绑定到#grid内的li元素上。为什么用live而不是bind？问得好！这是因为，不管绑定的元素发生了什么live事件都会被触发——元素可以被完全销毁也可以凭空创建出来，而值得信赖的live则会一直存在。除此之外，还有效率优势——live只需要创建一个事件，而bind则会创建25个。

总之，下面就是单击一个方格时发生的事情：

jQuery/5×5/jq5×5.coffee

```
tileClick = ->
  $tile = $(this)
  if $tile.hasClass 'selected'
```

```
    # undo
    selectedCoordinates = null
    $tile.removeClass 'selected'
    showMessage 'firstTile'
  else
    $tile.addClass 'selected'
    [x, y] = @id.match(/(\d+)_(\d+)/)[1..]
    selectTile x, y
```

jQuery事件回调函数的上下文就是触发该事件的DOM元素——在这里就是指被单击的`li`元素。我们将这个元素包装为jQuery对象，把它叫做`$tile`。如果该方格已经被选中，则解除选中，并返回来让玩家选择自己的第一个方格。如果这次选择合理，我们就继续执行`selectTile`：

jQuery/5×5/jq5×5.coffee

```
selectTile = (x, y) ->
  if selectedCoordinates is null
    selectedCoordinates = {x1: x, y1: y}
    showMessage 'secondTile'
  else
    selectedCoordinates.x2 = x
    selectedCoordinates.y2 = y
    $('#grid li').removeClass 'selected'
    doMove()
```

如果`selectedCoordinates`为`null`，说明这是玩家第一次选择，因此仅保存坐标。否则就表明玩家已经为本轮选好了两个方格，那样的话就继续执行`doMove`，它通过`Player`实例来移动方格并制表以显示分数，然后再在一个通知框中显示结果：

jQuery/5×5/jq5×5.coffee

```
doMove = ->
  {moveScore, newWords} = currPlayer.makeMove selectedCoordinates
  if moveScore is 0
    $notice = $("#{currPlayer.name} formed no words this turn.")
  else
    $notice = $("""
    <p class="notice">
      #{currPlayer} formed the following #{newWords.length} word(s):<br />
      <b>#{newWords.join(', ')}</b><br />
      earning <b>#{moveScore / newWords.length}x#{newWords.length} =
      #{moveScore}</b> points!
    </p>
    """)
  showThenFade $notice
  endTurn()
```

使用`showThenFade`会让人赏心悦目，它在网格下面添加了一个黄色框，在它从DOM实体上

5

被完全删除之前会有变扁淡出的效果：

jQuery/5×5/jq5×5.coffee

```
showThenFade = ($elem) ->
  $elem.insertAfter $('#grid')
  animationTarget = opacity: 0, height: 0, padding: 0
  $elem.delay(5000).animate animationTarget, 500, -> $elem.remove()
```

最后，endTurn更新网格和分数列表，然后告诉下一个玩家准备上场。

把它们合到一起时游戏是什么样子呢？如图5所示。

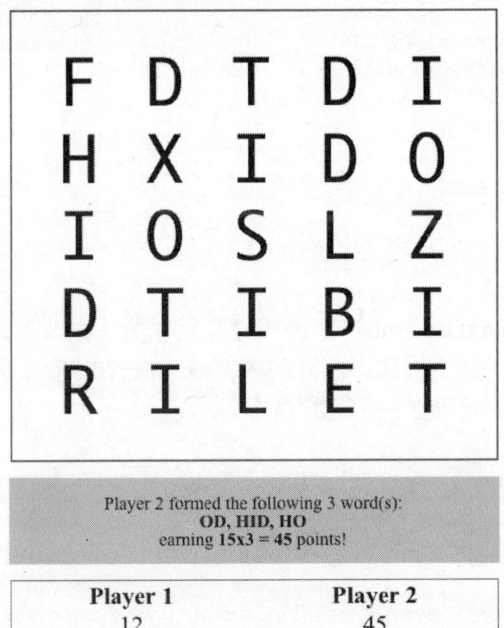

图5　jQuery驱动的5 × 5游戏

当然，我们还可以添加很多功能特性——比如，一个已经使用过的单词列表，每轮的时间限制，在每个玩家经历特定回合数（或者一定的时间）之后显示一个“game over”的遮幕；还有梦幻般的动画和交互元素（比如说，可以使用jQuery UI[①]实现的快速拖曳效果）。不过我把这些都留给读者自己去探索。

① http://jqueryui.com/

5.6 未来是 jQuery 化的

在本章中，我们接触了jQuery的所有基础知识，这是网页开发的标准类库中与JavaScript关系最密切的部分。你学会了使用选择器来选择元素，修改CSS样式、HTML属性，以及绑定事件。从头开始创建一个交互式网页应该不再会让你直冒冷汗了。

还有一个比较重要但还未讨论的主题就是Ajax。jQuery让与服务器端的交流变得非常容易。可以在http://api.jquery.com/category/ajax/上找到相关的文档。

值得一提的是，由于Node.js的存在，jQuery现如今可以很容易地在服务器上运行。这是如何做到的？通过一个叫做jsdom的类库，它可以在Node中提供一个模拟的浏览器环境[①]。Jsdom和jQuery结合的一个极好案例就是模板。如果可以直接在服务器上使用jQuery，来修改原生的HTML并把它们发布出来，为什么还要再为使用服务器端模板引擎而操心呢（比方说Ruby on Rails中的ERB文件）？那样的话，你就可以提供一个原始但有实际意义的网页版本（有利于搜索引擎和屏幕阅读器），然后再在客户端重用同样的代码来添加新的内容。

我鼓励你自己试试Ajax和jsdom。在下一章中，我们将采用另外一种方式：使用WebSocket在服务器和客户端之间建立起一个异步的双通道通信。使用Node.js来建立5 × 5多人游戏的服务器时，我们会更加了解Node.js。

5.7 练习

(1) jQuery新手通常（实际上，几乎是全部）会犯的一个错误是他们认为jQuery的选择器是“活的”。比方说，他们认为使用了下面的代码之后，就算给菜单添加新条目（就是说，把新的`li`（列表项）作为子节点添加到`#menu`中）也会被隐藏起来：

```
$('#menu li').hide()
```

大错特错！那在不调用单个`li`元素任何方法的前提下，如何实现所期望的功能呢（允许使用样式表）？

(2) 下面这段代码的作用是什么？world（世界）是安全的吗？

```
$('a').click(destroyWorld).unbind('click')
```

(3) 下面有3种选择器在功能上是等价的，请问哪个的行为与其他的不一样，又为什么不一样？

```
$('#awayTeam .redShirt').die()
$('#awayTeam').find('.redShirt').die()
$('.redShirt, #awayTeam').die()
$('.redShirt', $('#awayTeam')).die()
```

（顺便说一句，`die`的确是一个jQuery方法——它为使用`live`绑定的事件解绑定！）

① http://jsdom.org/

5

(4) 找到下面这段代码中的bug，解释并修改。

```
$('#drJekyll').click ->
  alert 'Now I shall transform!'
  $('#drJekyll').attr 'id', 'mrHyde'
  $('#drJekyll').unbind 'click'
```

第 6 章 Node.js服务器端程序

在服务器上运行JavaScript一直都是Web开发者的梦想。使用基于JavaScript服务器端的开发者，无需在客户端语言和服务器端语言之间来回切换，只要通晓Web程序世界的通用语言JavaScript，或者21世纪的旁系语言CoffeeScript就行了。

现在，这个梦想终于成为了现实。本章将从介绍模块模式（CommonJS标准的一部分）开始进行一段简短的Node.js之旅。然后搞清楚什么是“事件架构”及其对服务器端性能、编程思想的影响。最终，我们将为上一章的5 × 5游戏添加一个Node后台程序，同时使用WebSocket来实现实时多人游戏的模式。

6.1 什么是 Node.js

不要受名字的影响：Node.js并不是一个JavaScript类库。相反，它是一个JavaScript解释器（由Google Chrome浏览器的JavaScript引擎V8驱动），它提供了底层操作系统调用的接口。通过这种方式，运行于Node.js上的JavaScript可以读写文件，创建进程，甚至还可以收发HTTP请求——这是最有吸引力的一点。

与CoffeeScript一样，Node.js也是一个新项目（可追溯到2009年早期），它成长迅速，并催生了很多激动人心的事物。看看Node.js Knockout[①]吧——一个受Rails Rumble[②]启发的编程竞赛，看谁能在48小时内开发出最好的Node程序。

已经有许多用Node和CoffeeScript写成的很棒的项目了。下面是挑选出来的几个小示例项目。看完本书后你可以回过来看看这个列表，阅读真实的源码是提高能力的好方法。

- Docco[Ash11]：著名计算机科学家Donald Knuth提倡“文学化编程”的方法论。其涵义是，编写的代码和注释要让那些第一次碰到这个程序的人只要阅读一次源码就能理解这个程序。由Jeremy Ashkenas开发的Docco就支持这种方法论，它能生成漂亮的网页，并在网页

① http://nodeknockout.com/

② Rails Rumble是一个编程比赛，在该比赛中，开发者们分组比赛，看谁能使用Ruby on Rails在48小时内开发出最好的Node程序。——译者注

中并排显示注释和代码。

- Eco[Ste11]：假设你正在编写一个基于Node的Web程序。你手头上有了所有HTML框架和大堆程序代码，但是你却不知道如何把它们结合到一起。Eco允许你把CoffeeScript嵌入HTML标签中，使其成为一个服务器端的模板语言。
- Zappa[NM11]：从头创建一个完整的Web程序从来就没有这么简单过。Zappa构建在Node的流行框架Express之上，只需通过简单的描述就能定义服务器该如何处理任意HTTP请求[①]。它还能完美地集成Eco！
- Zombie.js[Ark11]：全栈式Web程序测试模块领域又来了一个新小伙：Zombie.js。Zombie允许你运用Sizzle强大的能力验证Web程序的行为，而Sizzle同时也是jQuery的选择器引擎。它不仅好用，而且还异常快。

https://github.com/jashkenas/coffee-script/wiki/In-The-Wild上列出了非常完整的程序列表，它包含了各种基于CoffeeScript的程序。

6.2 使用 exports 和 require 构建模块化代码

在前面几章中，我们曾使用global来把变量存放到程序级的命名空间中。但global有其适用的范围，Node开发者通常更愿意让每个文件都有自己的命名空间，以保持代码的整洁和模块化。那一个文件如何与其他文件共享对象呢？

解决办法就是使用一个叫做exports的特殊对象，它是CommonJS模块标准的一部分。一个文件的exports对象会在另外一个文件require调用该文件时返回。因而，举例来说，假设我们有两个文件：

Nodejs/app.coffee

```
util = require './util'

console.log util.square(5)
```

Nodejs/util.coffee

```
console.log 'Now generating utility functions...'
exports.square = (x) -> x * x
```

运行命令coffee app.coffee时，require './util'执行util.coffee后返回它的exports对象，你会得到如下结果：

```
Now generating utility functions...
25
```

① http://expressjs.com/

你可能会问为什么我们不需要指定文件扩展名？在Node.js中通常可以省略文件扩展名.js。不过只有在运行的程序已加载了coffee-script类库之后才可以省略.coffee。当然使用coffee运行文件时就已经隐式地加载了这个模块。coffee-script同时也会告诉Node.js如何处理CoffeeScript文件。因此，假如我们只把`app`而没有把`util`编译为JavaScript，那就必须这样写：

Nodejs/app.js

```
require('coffee-script');
var util = require('./util');
console.log(util.square(5));
```

当遇到一个没有带“.”或者“./”前缀的类库时，Node就到它的类库目录中寻找匹配的文件。可以使用`require.paths`来查看类库目录。

根据约定，一个类库供`require`调用的名字与供npm安装的名字是一样的。比方说，回想下，我们曾使用命令`npm install -g coffee-script`来安装过CoffeeScript。这个命令不但为我们安装了可执行的coffee二进制文件，同时还安装了coffee-script类库。在本章的后面我们还会使用npm为我们的项目安装更多其他的类库。

6.3　异步思想

开发人员对JavaScript最常见的抱怨之一便是缺乏对多线程的支持。像Java、Ruby和Python这类流行的语言都允许同时运行多个任务，而JavaScript却是严格单线程的。

然而，大家普遍认为JavaScript这个乍一看来最大的缺点现在却是祸中之福。没有多线程，就没有互斥锁，没有竞争条件，也就没有无止境的`sleep`循环，许多最常见的软件bug来源都被规避了。而且，多线程程序会产生很大的开销，对服务器来说尤其严重，因而这也正是Node.js获此殊荣——依靠多线程实现并发的语言的高效替代框架——的原因之一。

（当然，没有多线程，就不能有效利用多核处理器。幸好已经有项目（例如multi-node和cluster[①]）能把多个程序实例绑定到同一个服务器端口上，不但为你获得并行处理的性能优势，而且又让你不必为在多进程之间共享数据而头疼。）

因为JavaScript面向事件而不是面向线程，所以事件总是在其他任务执行结束之后再运行。想象一下，每当你的程序（比方说，向文件系统或者一个HTTP服务器）发出一个请求，在完成请求之前，它会完全冻结起来，这是多么叫人沮丧啊！因此，在Node.js中几乎所有的API函数都会使用回调：你发出请求，Node.js会把它转发出去，你的程序就当什么都没发生过而继续运行下去。到请求完毕（或者出了岔子），你传递给Node.js的函数才会被调用。

① https://github.com/kriszyp/multi-node和https://github.com/learnboost/cluster

例如，要显示当前的目录内容，可以这样写：

```
fs = require 'fs'
fs.readdir '.', (err, files) ->
  console.log files
console.log 'This will happen first.'
```

运行过程如下：

(1) 使用fs.readdir让Node.js读取当前目录内容，同时传递一个回调函数；

(2) Node.js将请求传达给操作系统后就立刻返回；

(3) 我们把“This will happen first.”打印到控制台；

(4) 一旦代码执行完毕，Node.js就会马上查看操作系统是否已经响应了我们的请求。如果已经响应，那它就运行我们的回调函数，当前目录中的文件列表就会被打印到控制台中。

你都明白了吗？理解这一点可是非常重要的。你的代码永远不会被打断。不管你的硬盘转得有多快，在所有代码都运行完毕之前，回调函数都不会被执行。JavaScript代码永远不会被打断。如果你的代码被一个死循环卡住了，那么就连看似精确的setTimeout和setInterval也会永远等下去。

所有这些在浏览器中成立的，在Node.js中也都成立。但是在Node中，对它们的理解变得更加重要，这是因为你的程序逻辑会表现为复杂的链式回调形式。毫无疑问，真正的挑战在于如何以某种人类能理解的方式来掌控它们。

考虑如何处理提交给Web程序的简单表单：

- 从数据库中获取用户信息以判断是否允许该请求；
- 如果允许，则相应地更新数据库；
- 从文件系统中读取一个模板，适当地定制一下，然后将其发送给用户。

那么，程序骨架至少得像下面这样：

```
formRequestReceived = (req) ->
  checkDatabaseForPermissions req, ->
    updateDatabase req, ->
      renderTemplate req, (tmpl) ->
        sendResponse tmpl
```

这是每一步都省去了出错处理的代码！

真遗憾，没办法避免这种俄罗斯套娃[①]般的程序结构。事实上，在多数依赖线程的语言中，可以直接这样写：

① 俄罗斯套娃是俄罗斯特产的木制玩具，一般由多个图案类似的空心木娃娃一个套一个地构成，数量可以是多个。——译者注

```
formRequestReceived = (req) ->
  if checkDatabaseForPermissions req
    updateDatabase req
    tmpl = renderTemplate req
    sendResponse tmpl
```

但是这类语言实际上都是在把异步伪装成同步。在每个数据库查询和文件读取函数中，都有一个sleep循环会在某处声称："我多希望在我等待数据库响应的时候，其他人可以干点有意义的事情。"虽然这从表面看起来简单，但却耗费了内存和CPU资源，并且还经常出现一些麻烦的意外情况。

注意，方便起见，很多NodeJS API函数确实提供了同步调用的版本。例如，作为fs.readdir的替代，可以直接调用fs.readdirSync，这样就能方便地获取文件名列表。如果你的程序没有任何等待触发的事件，那为什么不使用这种便利的替代方案呢？

不幸的是，尚没有办法使用JavaScript或者CoffeeScript实现任意异步函数的同步版本。除非使用原生的扩展（通常是使用C++编写的）来实现，但这超出了本书的范围。

循环中的作用域

回忆一下我们在2.2节学到的：*只有函数会产生作用域*。在处理异步的回调时，不要期望循环能产生作用域，它会毁了你的，即使在其他方面做得再好也没用。事实上，这通常是在异步代码中出错最多的地方。

举个例子，假设有一个程序会从某个数据源（同步的）获取一些数字，并且不断统计这些数字，直到其总和等于或超过某个limit（限制）。在获取每个数字后，需要把该数字以及到目前为止的数字总和保存起来。并且，由于过于注重安全，每次保存时都要使用唯一的密钥来加密给定的数字。且这个密钥需要通过异步调用getEncryptionKey函数来获得。

起初可能进行如下尝试：

```
sum = 0
while sum < limit
  sum += x = nextNum()
  getEncryptionKey (key) ->
    saveEncrypted key, x, sum  # FAIL!
```

可问题是，在调用getEncryptionKey的回调函数时，x和sum已经前移了——事实上，整个循环已经结束。因此随着循环对每一个x的迭代，最后保存下来的是循环运行结束后的x和sum的值（多半用的是错误的加密密钥）。

解决方案就是捕获x和sum的值。使用匿名函数是最简单的方法。CoffeeScript中新增的do关键字就是干这个用的：

6

```
sum = 0
while sum < limit
  sum += x = nextNum()
  do (x, sum) ->
    getEncryptionKey (key) ->
      saveEncrypted key, x, sum  # Success!
```

如果你熟悉Lisp语言，这里do的用法会让你想起let关键字。do (x, sum) -> ...是((x, sum) -> ...)(x, sum)的简写。因此saveEncrypted key, x, sum这一行引用的是由do复制的x和sum，而不是在循环中使用的x和sum。

但要注意，这样做会覆盖掉外层的x和sum，使它们在内层中无法获取。如果你想在捕获它们值的同时还能够利用原来的变量，可以这样写：

```
do ->
  capturedX = x; capturedSum = sum
  ...
```

关注我们自己的小项目的时间到了，来使用基于Node的后台程序扩展jQuery版的5 × 5游戏吧。

6.4　项目：多人 5×5 游戏

我们将建立一个Web服务器端以便大伙可以在5 × 5游戏上找到对方。在客户端，我们仍然使用与上一章基本一致的HTML和CSS。服务器端则会为所有静态文件（当然还有CoffeeScript）提供服务，并且会对游戏的状态进行处理。

有很多种协调客户端和服务器端的方式。客户端与服务器端上究竟应该各有多少逻辑呢？从概念上来讲，很多框架（比如说Backbone.js）都能让这个问题变得简单[①]。通常来讲，为了性能把一部分逻辑放在客户端，为了安全把一部分逻辑放在服务器端是相对比较理想的，而且两者还有可能重叠。但对于我们来说，更偏向一个“哑客户端”的实现，将所有的逻辑处理放到服务器端。也就是说每当玩家做了一次移动，就会进行下面这样的处理：

- 玩家A的客户端会发送移动信息（也就是被交换的方格的坐标）到服务器端；
- 如果是合法的移动，服务器端会把移动产生的结果发送给两个客户端；
- 两个客户端分别显示结果。

很简单，不是吗？这种实现方式让客户端类库变得很轻，因为Dictionary、Grid和Player类只需要存在于服务器端就可以了（更别说2.1节提到的2.1 MB的合法单词列表了）。它的缺点是，玩家看到的操作结果会相对其操作稍有延迟。在真实的程序中，我们会放更多心思在响应优化上。（举个例子，Google Docs会同步用户输入的每一个单词到服务器。但你能想象如果直到服务器接受了这些字符才能在显示器中看到它们吗？那会让人多么沮丧！）

---

① http://documentcloud.github.com/backbone/

我们会用到两个文件：5 × 5client.coffee和5 × 5server.coffee。让我们从服务器端开始。

6.4.1　5×5server.coffee

我们将基于著名的Connect框架[①]构建服务器端。Connect扩展了Node自己的`net`模块，反过来又被更为健壮的框架（比如说Express或者Zappa）做了进一步扩展。对于更为复杂的程序来说，你绝对应该研究一下其他添加了更多优雅的特性的框架，比如可用来定义URL路由的DSL等。不过，对于我们这个单页的程序来说，Connect更为适合。让我们先把它安装好：

```
$ npm install connect
```

（请确认在项目目录中运行这行命令，或是加上`-g`参数全局安装。）

现在从创建一个Connect的`server`实例开始构建我们的服务器端：

Nodejs/5×5/5×5server.coffee

```
connect = require 'connect'

app = connect.createServer(
  connect.compiler(src: __dirname + '/client', enable: ['coffeescript']),
  connect.static(__dirname + '/client'),
  connect.errorHandler dumpExceptions: true, showStack: true
)

port = 3000
app.listen port
console.log "Browse to http://localhost:#{port} to play"

io = require 'socket.io'
socket = io.listen app
socket.on 'connection', (client) ->
  if assignToGame client
    client.on 'message', (message) -> handleMessage client, message
    client.on 'disconnect', -> removeFromGame client
  else
    client.send 'full'

assignToGame = (client) ->
  idClientMap[client.sessionId] = client
  return false if game.isFull()
  game.addPlayer client.sessionId
  if game.isFull() then welcomePlayers()
  true
```

① http://senchalabs.github.com/connect/

```
removeFromGame = (client) ->
  delete idClientMap[client.sessionId]
  game.removePlayer client.sessionId

welcomePlayers = ->
  players = [game.player1, game.player2]
  info = {players, tiles: game.grid.tiles, currPlayerNum: game.currPlayer.num}
  for player in players
    playerInfo = extend {}, info, {yourNum: player.num}
    idClientMap[player.id].send "welcome:#{JSON.stringify playerInfo}"

handleMessage = (client, message) ->
  {type, content} = typeAndContent message
  if type is 'move'
    return unless client.sessionId is game.currPlayer.id # no cheating!
    swapCoordinates = JSON.parse content
    {moveScore, newWords} = game.currPlayer.makeMove swapCoordinates
    result = {swapCoordinates, moveScore, newWords, player: game.currPlayer}
    socket.broadcast "moveResult:#{JSON.stringify result}"
    game.endTurn()

typeAndContent = (message) ->
  [ignore, type, content] = message.match /(.*?):(.*)/
  {type, content}

extend = (a, others...) ->
  for o in others
    a[key] = val for key, val of o
  a
```

尽管我们可以让Connect与Apache或者nginx一起协同工作，但Connect自己就完全有能力为我们提供静态文件（放在子目录`client`中）的服务。我们只需要在它的`configure`配置块告诉它这么做就行了。碰到错误时我们也会把它扔到一个错误回调中，不然的话，异常会被默默地直接吞掉。

Nodejs/5×5/5×5server.coffee

```
app = connect.createServer(
  connect.compiler(src: __dirname + '/client', enable: ['coffeescript']),
  connect.static(__dirname + '/client'),
  connect.errorHandler dumpExceptions: true, showStack: true
)
```

离启动我们的服务器还剩下最后一件事情：通过`listen`函数告诉它运行于哪个端口之上。端口的选择在很大程度上是任意的。在生产过程中我们通常使用标准HTTP服务器端口80，但为了避免可能的冲突，可以使用3000端口：

Nodejs/5×5/5×5server.coffee

```
port = 3000
app.listen port
console.log "Browse to http://localhost:#{port} to play"
```

如果现在就运行手头上的代码，然后在浏览器中访问http://localhost:3000/，则会自动转到index.html页面。我们现在只需要加上与客户端通信的工具就行了。但该如何实现呢？当其中一个玩家移动了一次后，两位玩家都需被告知操作结果。Ajax并不适于处理此类工作。我们需要的是一种在任何时候都能把数据从服务器马上广播到多个客户端的方法。

很幸运，一种称为WebSocket的新技术正好对此提供了支持。并且有一个Node类库Socket.io让这件事情变得更加简单。锦上添花的是，在不支持WebSocket的浏览器中它会自动降级为其他的协议。

我们可靠的npm方式来安装Socket.io：

```
$ npm install socket.io
```

现在把它用在服务器上：

Nodejs/5×5/5×5server.coffee

```
io = require 'socket.io'
socket = io.listen app
socket.on 'connection', (client) ->
  if assignToGame client
    client.on 'message', (message) -> handleMessage client, message
    client.on 'disconnect', -> removeFromGame client
  else
    client.send 'full'
```

每当客户端连接到服务器时，我们就会得到一个Socket.io的client实例。我们实现了两个回调函数：一个是用于客户端发送消息（就是一次移动）时的回调函数，另一个则是用于客户端断开连接时的回调函数。我们还会马上把这个客户端分配到游戏中去。

简单起见，服务器端在同一时刻只服务一个游戏，但是既然游戏状态已经封装在Game类中了，所以把这个项目扩展到同时能服务多个游戏的服务器应该也很简单。这样我们就只需要使用两个模块级作用域变量了（当然，此外还会有一些函数）：游戏本身和一个客户端对应ID的散列表。

Nodejs/5×5/5×5server.coffee

```
game = new Game
idClientMap = {}
```

现在每个Player实例都有一个id属性，所以当我们需要给某个特定的玩家发送信息时，就可以使用idClientMap来获取它们对应的client对象了。下面是如何向游戏中添加一个新的客户端：

6

Nodejs/5×5/5×5server.coffee

```
assignToGame = (client) ->
  idClientMap[client.sessionId] = client
  return false if game.isFull()
  game.addPlayer client.sessionId
  if game.isFull() then welcomePlayers()
  true
```

一旦游戏玩家达到两个，我们会分别给他们发送欢迎信息外加方格列表和分数。同时还考虑到万一游戏进行中有人加入进来的情况：

Nodejs/5×5/5×5server.coffee

```
welcomePlayers = ->
  players = [game.player1, game.player2]
  info = {players, tiles: game.grid.tiles, currPlayerNum: game.currPlayer.num}
  for player in players
    playerInfo = extend {}, info, {yourNum: player.num}
    idClientMap[player.id].send "welcome:#{JSON.stringify playerInfo}"
```

注意到这里的extend了吗？它是一个把某个对象的属性添加到另一个对象上的小工具。它与Underscore.js的_.extend是等价的：

Nodejs/5×5/5×5server.coffee

```
extend = (a, others...) ->
  for o in others
    a[key] = val for key, val of o
  a
```

还剩一件事情没有做——处理玩家的移动：

Nodejs/5×5/5×5server.coffee

```
handleMessage = (client, message) ->
  {type, content} = typeAndContent message
  if type is 'move'
    return unless client.sessionId is game.currPlayer.id # no cheating!
    swapCoordinates = JSON.parse content
    {moveScore, newWords} = game.currPlayer.makeMove swapCoordinates
    result = {swapCoordinates, moveScore, newWords, player: game.currPlayer}
    socket.broadcast "moveResult:#{JSON.stringify result}"
    game.endTurn()
```

注意到，我们使用客户端由Socket.io产生的互不相同的会话ID做一个简单的安全检测，来防止某些玩家冒充其他玩家移动。在计算出移动的结果之后，使用socket.broadcast——当你想给所有连接中的客户端发送相同的信息时，这种方法很简洁。

6.4.2　5×5client.coffee

那我们在客户端如何与Socket.io进行交互呢？其实很方便，Socket.io为我们提供了一个客户端类库，我们只需要将其包含进来就行：

Nodejs/5×5/client/index.html

```
<script type="text/javascript" src="/socket.io/socket.io.js"></script>
```

如果你特别喜欢寻根问底，应该会注意到在我们的静态目录中并没有socket.io.js文件。可是，如果你向服务器请求它，它还真就在那里！

这证明了服务器端的Socket.io类库能够自动为它自己的客户端类库提供服务。当然，发布产品时你会想要压缩它并且把它和其他脚本打包到一起，但是在开发过程中，这个特性却非常好用。如果你在服务器端把Socket.io升级到一个新的版本，就不用为提供一个新的客户端类库担心了，因为它已经为你做好了。

那我们到底该如何使用它呢？没错，这实际上与我们为服务器端所写的代码类似：

Nodejs/5×5/client/5×5client.coffee

```
$(document).ready ->
  $('#grid li').live 'click', tileClick
  socket = new io.Socket()
  socket.connect()
  socket.on 'connect', -> showMessage 'waitForConnection'
  socket.on 'message', handleMessage
```

我们需要处理两种消息：初始的欢迎信息和每次移动的结果信息：

Nodejs/5×5/client/5×5client.coffee

```
handleMessage = (message) ->
  {type, content} = typeAndContent message
  switch type
    when 'welcome'
      {players, currPlayerNum, tiles, yourNum: myNum} = JSON.parse content
      startGame players, currPlayerNum
    when 'moveResult'
      {player, swapCoordinates, moveScore, newWords} = JSON.parse content
      showMoveResult player, swapCoordinates, moveScore, newWords

startGame = (players, currPlayerNum) ->
  for player in players
    $("#p#{player.num}name").html player.name
    $("#p#{player.num}score").html player.score
  drawTiles()
  if myNum is currPlayerNum
```

```
    startTurn()
  else
    endTurn()

showMoveResult = (player, swapCoordinates, moveScore, newWords) ->
  $("#p#{player.num}score").html player.score
  $notice = $('<p class="notice"></p>')
  if moveScore is 0
    $notice.html "#{player.name} formed no words this turn."
  else
    $notice.html """
      #{player.name} formed the following #{newWords.length} word(s):<br />
      <b>#{newWords.join(', ')}</b><br />
      earning <b>#{moveScore / newWords.length}x#{newWords.length}
      = #{moveScore}</b> points!
    """
  showThenFade $notice
  swapTiles swapCoordinates
  if player.num isnt myNum then startTurn()
```

这就搞定了！剩下的代码就与上一章中的版本非常类似了——事实上，还变简单了，因为游戏逻辑处理已经放到了服务器端。

运行coffee 5×5server.coffee，你会收到这样的邀请：

```
Browse to http://localhost:3000 to play
```

打开两个浏览器，让它们都访问这个地址，结果如图6所示。

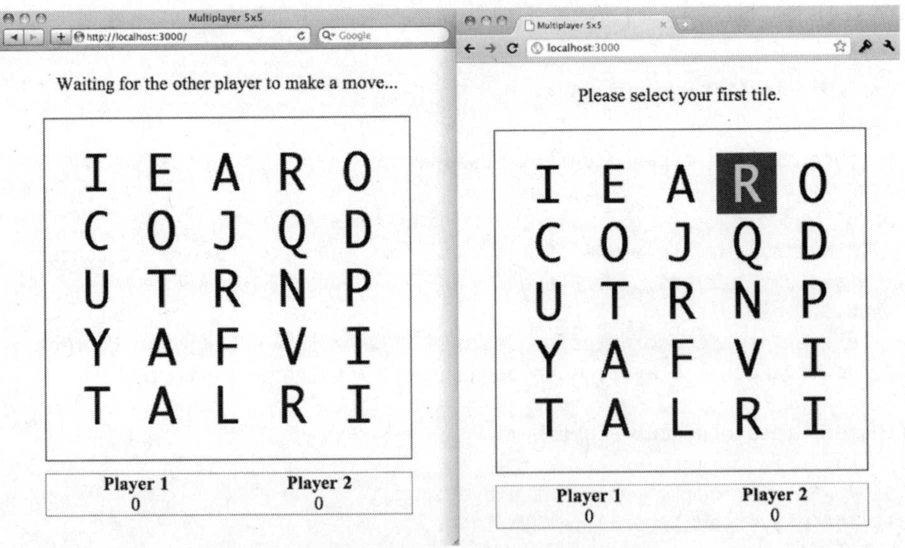

图6　多人5 × 5游戏试玩

6.4.3 都结束了

厉害——你使用Node.js和WebSocket创建了一个很潮（buzzword-compliant[①]）的多人游戏程序！它有可能不是下一个在YouFace上轰动一时的病毒式传播的程序，但是它证明了使用前沿Web技术实际上也非常容易。

当然，对于更大规模的程序，你应该用一个更加健壮的Web框架（比如Brunch或者是之前提到的Zappa）[②]，连上一个数据库（Node.js已经能够非常好地与MySQL、MongoDB和Redis数据库绑定在一起了），并且加上日志、跟踪和性能监控（可能是使用时髦的基于Node的Hummingbird[③]）。真令人惊讶，Node生态环境是如此活跃，它甚至还没有发布1.0版呢！

6.5 客户端、服务器端——有何不同

本章我们仅学习了Node.js的皮毛。虽然还很年轻，但是Node已经是一个拥有繁荣社区生态的强大框架了，并且让CoffeeScript成为能独立于浏览器之外的语言。

Node频繁曝光，一部分原因是它的事件架构，构建于无阻塞IO之上让其成为那些依赖多线程Web平台的有效替代。但是让“程序猿”[④]（code monkey）们更为兴奋的是我们可以使用同一种语言来编写客户端和服务器端的代码，甚至把代码从一端迁移到另一端了。由它衍生的技术（从测试到模板再到验证）都才刚开始被人探索。谁知道接下来会是什么？

唉，说句题外话，特此祝贺你已经读完了本书！你现在已经学会了如何在客户端和服务器端环境中使用CoffeeScript，运用它强大的功能，你比世界上最伟大的JavaScript程序员所写的代码更短、更清晰（Resig[⑤]，没有私人恩怨哦）。

记住你已经是CoffeeScript大学的一名毕业生了，别忘了：简洁就是优美！

6.6 练习

下面这段代码是干么的？

```
countdown = 10
h = setInterval (-> countdown--), 100
do (->) until countdown is 0
clearInterval h
console.log 'Surprise!'
```

（附加练习：重写这段代码以实现编码者想要实现的目标）

---

① buzzword-compliant是用来形容某个特定的产品支持某些特性仅是因为这些特性当下非常流行。——译者注

② http://brunchwithcoffee.com/（现该网址会直接跳转到http://brunch.io/）。

③ Hummingbird（蜂鸟）是一个网站监控工具，能够让你实时地看到用户是如何与网站进行交互的。——译者注

④ 贬义词（特指以编程为生或者仅会写点小程序无法驾驭复杂程序的程序员）或是程序员的自嘲。——译者注

⑤ 这里的Resig就是John Resig，jQuery之父，是现在全世界最著名的JavaScript程序员。——译者注

附录 A

练习答案

A.1 函数、作用域和上下文

2.9节练习答案。

(1) CoffeeScript中的函数会返回最后一个表达式的值——在本练习中就是splice方法的返回值。像下面这样添加一个新行就能改变返回结果：

```
clearArray = (arr) ->
  arr.splice 0, arr.length
  arr
```

添加之后返回的就是当前为空的数组arr。如下的方法可以使该函数无返回值：

```
clearArray = (arr) ->
  arr.splice 0, arr.length
  return
```

(2) 可以采用两种方法来实现，两种方法都可行。这是第一种：

```
run = (func, args...) -> func.apply this, args
```

第二种：

```
run = (func, args...) -> func.call this, args...
```

注意，在期望的上下文中调用run函数，通过this就能把上下文传递进去。

(3) 对于规则“隐式括号直到行尾才闭合”来说，后缀操作符（if/unless和for/while/until）大概是唯一的例外。例如，下面的这几行代码都是等价的：

```
return abortMission warning if warning?
return abortMission(warning) if warning?
if warning? then return abortMission warning
if warning? then return abortMission(warning)
```

显式地加上直到行尾的括号会完全改变代码的含义：

```
return abortMission(warning if warning?)
```

不管怎样，现在我们都调用了abortMisson，返回（return）了值！虽然对表达式warning

if warning?进行了求值，但对结果几乎没什么影响（若warning为null，则表达式会将其转为undefined，若为其他值则直接使用这些值而不作修改）。

(4) CoffeeScript不允许在函数和显式括号之间存有空格。因为这将会完全改变表达式两侧括号的意义。下面举些例子：

```
f g h
```

这个表达式的真实意思是：

```
f(g(h))
```

把它与下面的表达式比较下看看：

```
f (g) h
```

这是括号的真正含义：

```
f(g)(h)
```

以下是CoffeeScript的规则：如果在标识符之后留有空格（除非空格后面有后缀操作符），那么这个标识符就是一个包含隐式括号的函数。

(5) foo.bar.baz()运行时的上下文是foo.bar。@hoo的上下文是this（就是@），@hoo.rah()的上下文是@hoo。

(6) 当且仅当what是this时，what.x和@.x才等价。再者，虽然what.x和this.x完全有可能指向同一个对象，但what.x=y并不会修改this.x，除非what就是this。

只需要写一句xinContext.call what就能解决示例代码中的问题。

(7) 这段代码因x=x而出错了，因为这样写是无效的。再看一遍有问题的代码：

```
x = true
showAnswer = (x = x) ->
  console.log if x then 'It works!' else 'Nope.'
showAnswer()
```

回忆下，默认参数的语法a=b其实就相当于在函数体的开始处多加了一句a ?= b。且没有办法把x从外层作用域引入函数。要么使用showAnswer x，要么避免变量覆盖来解决这个问题。

A.2 集合与迭代

3.9节练习答案。

(1) 当你调用slice函数时，其返回值是一个新数组，该数组包含了原始数组部分或者全部的项。添加、删除或替换这个数组中的项都不会影响原始数组。这就是你在很多函数中都看到arr.slice[0..] 的原因——当有人传给你一个数组，而你希望对其进行修改以满足自己的需要时，使用数组的副本通常是一种的得体的用法。

(2) 对于下面的代码，明白这一点非常重要——once函数只被调用了一次：

```
once = ->
  if once.hasRun
    null
  else
    once.hasRun = true
    [1, 2, 3]
console.log x for x in once()
```

最后一行相当于：

```
onceResult = once()
console.log x for x in onceResult
```

简而言之，在for循环中，CoffeeScipt会自动缓存函数的运行结果。如果你希望在每次循环迭代时都调用函数，那么应该使用while或者until。

(3) 看下面这段：

```
for x in [1, 2]
  setTimeout (-> console.log x), 50
```

输出如下：

```
2
2
```

这是怎么回事？这里的关键在于x变量有且只有一个。当循环结束且x变为2后，定时器才会被调用，因此这就与函数定义时的x值无关了。即使把超时时间改为0也无济于事，setTimeout会把其目标添加到“事件队列”中，只有在其他所有代码运行完毕后，该队列中的函数才会被调用。

最简单的解决办法就是使用do语句将每次循环迭代时的x值捕捉下来：

```
for x in [1, 2]
  do (x) ->
    setTimeout (-> console.log x), 50
```

(4) 这里有个函数可以检查给定的对象是否包含某个特定的值：

```
objContains = (obj, match) ->
  for k, v of obj
    if v is match
      return true
  false
```

注意，虽然没用到k但它是必要的：of的语法总是按照key,value这样的顺序排列，而我们需要的是其中的value。

在实践中，应该确保不使用此类循环。哈希结构的要点就是假如已知键名的话就能快速地取到对应的值。如果需要频繁地检测一个哈希中是否有某个值的话，应当使用其他类型的数据结构。

(5) 要让某个函数运行一次后再重复运行，直到满足某个条件时结束，可以这样写：

```
doAndRepeatUntil = (func, condition) ->
  func.call this
  func.call this until condition()
```

(6) 要获取wordList数组中最短字符串的长度，可以像下面这样写：

```
Math.min.apply Math, (w.length for w in wordList)
```

数组解析（w.length for w in wordList）会产生包含wordList列表中所有字符串长度的数组。使用apply把这个巨大的参数列表传递给Math.min。（传递给apply的第一个参数确保了Math.min是在Math这个上下文中运行的，就像直接调用Math.min一样。）这虽然不是最高效的，但很简洁。

A.3 模块和类

4.7节练习答案。

(1) 为什么这段代码两次输出不同的老格言？

```
root = global ? window

root.aphorism = 'Fool me 8 or more times, shame on me'

do restoreOldAphorism = ->
  aphorism = 'Fool me once, shame on you'
  console.log aphorism

console.log aphorism
```

这里的问题就是restoreOldAphorism在自己的作用域中声明了一个新的名为aphorism变量。编译器并不知道，给root.aphorism赋值就是在全局作用域中新建一个同名的变量。CoffeeScript中的作用域规则只对形如aphorism = ...这样简单的赋值适用。

读取root.aphorism时使用aphorism就行，但是要赋值的话就必须使用root.aphorism。

(2) 下面的代码叫人迷惑，因为@wishesLeft同时指向了一个原型属性和一个实例属性。

```
Genie = ->
Genie::wishesLeft = 3

Genie::grantWish = ->
  if @wishesLeft > 0
    console.log 'Your wish is granted!'
    @wishesLeft--
```

这样会让每个精灵都得到3次许愿的机会，而不是限制所有精灵一共3次。

想弄清楚为什么，请考虑：

```
@wishesLeft--
```

这行代码相当于@wishesLeft = @wishesLeft – 1，当它在Genie实例（且称它为genie1）中首次运行时，会读取Genie::wishesLeft的值，将其减1，然后把减后的值赋值给该实例的一个新属性——genie1.wishesLeft!

就像读取直接依附其上的属性一样，可以从对象上读取原型属性。但当你使用obj.x=y时，就只能为该对象自己的属性赋值（会隐式地覆盖掉与之同名的原型属性）。

通常，决对不应该给原型属性和实例属性起同样的名字[①]。该练习的最佳解决方案就是把Genie::wishesLeft和@wishesLeft都替换为Genie.wishesLeft。

(3) 答案是以给出的定义为基础的：

```
class Season
class Spring extends Season
```

(new Season).__proto__.__proto__和(new Spring).__proto__.__proto__.__proto__都与{}.__proto__一样，都是默认对象[②]的原型。

(4) 被绑定在类上的函数的行为与预期保持一致。调用foo=new Foo()时，在Foo中使用=>定义的实例方法会自动把实例绑定为上下文。

有95%的概率会如你所期望的那样。但是函数绑定在代码量和实例化时间两方面都会产生额外的开销，因此它们并不适用于以性能为重的代码。

A.4　jQuery Web 交互开发

5.7节练习答案。

(1) 该行代码会把#menu当前包含的列表项隐藏起来，但是这对将来新建的列表项却没有影响。

```
$('#menu li').hide()
```

要隐藏#menu中的所有列表项，无论现在有的还是将来要添加的，需要做两件事情。首先，修改我们的样式表，为#menu提供一个特殊类——hideitems：

```
#menu.hideItems li {
  visibility: hidden;
}
```

有了这点CSS的辅助，隐藏所有列表项就像使用jQuery的addClass方法一样简单了：

```
$('#menu').addClass 'hideItems'
```

现在，无论是当前还是新加的,所有的菜单项应该都不可见，直到调用removeClass。

(2) 这段代码有两点值得注意：

```
$('a').click(destroyWorld).unbind('click')
```

① 这句话有一定的相对性。基本上在JavaScript基于原型面向对象编程的过程中，一个对象的属性与原型属性同名是很正常的，毕竟这也是原型继承根本的一面。而在本练习中，主要问题还是在于类属性（静态属性）、原型属性与实例属性之间的差异。在这里我不再作过多的解释，请读者明辨或查阅更多资料来了解。——译者注

② 一般说来就是{}或者new Object()表示的对象的原型。——译者注

首先，destroyWorld永远都不会被调用，因为该click事件处理器在绑定之后就立即被解除绑定了。其次，这里的unbind会删除所有<a>元素上的所有click事件处理器。

(3) 在4个选择器当中，与众不同的是第3个——$('.redShirt, #awayTeam').die()：

```
$('#awayTeam .redShirt').die()
$('#awayTeam').find('.redShirt').die()
$('.redShirt, #awayTeam').die()
$('.redShirt', $('#awayTeam')).die()
```

它删除的不仅是awayTeam元素中包含redShirt类的元素上的live事件，而是redShirt类元素和awayTeam元素上的所有live事件。

(4) 下面这段代码的作用其实是把drJekyll的ID改为mrHyde。

```
$('#drJekyll').click ->
  alert 'Now I shall transform!'
  $('#drJekyll').attr 'id', 'mrHyde'
  $('#drJekyll').unbind 'click'
```

但是让人恼火的是，每次被单击时，它总会高喊“Now I shall transform!”。原因是在ID变了之后，'#drJekyll'选择器就没有任何元素可以匹配了。把unbind移到第一行是解决办法之一。不过使用$(this)代替$('#drJekyll')或许会更好。

A.5 Node.js 服务器端程序

6.6节练习答案。

所给的代码其实是一个死循环：

```
countdown = 10
h = setInterval (-> countdown--), 100
do (->) until countdown is 0
clearInterval h
console.log 'Surprise!'
```

因为循环代码永远都不会结束运行，所以无论经过多长时间，countdown都不会变小。下面是能正常工作的版本：

```
countdown = 10
decreaseCountdown = ->
  countdown--
  if countdown is 0
    clearInterval h
    console.log 'Surprise!'
h = setInterval decreaseCountdown, 100
```

请注意，写clearInterval h这一行时，不用担心h不存在的问题。当运行到这行代码时，程序会查找当前作用域是否有h，然后查找外层作用域，这样就能找到由setInterval返回的句柄。哎，这种非线性的思想，就是我们为了摆脱多线程需要付出的代价。

附录 B

运行CoffeeScript的几种方法

尽管CoffeeScript生态系统还很年轻，但可编译运行CoffeeScript代码的工具为数不少。在1.3节中，我们已经看过官方的命令行编译器了。在本附录我将推荐其他几个可选的工具。https://github.com/jashkenas/coffee-script/wiki上列出了完整的相关工具。

B.1 Web 控制台

访问http://coffeescript.org，除了能看到大量的例子之外，你还会发现一个名为Try CoffeeScript的按钮。点击它，就会有一个活动的控制台跳出来。你应该使用带有开发人员控制台的浏览器，这样就不用委曲求全地使用alert输出信息[①]了。试着输入：

```
console.log ['a', 'b', 'c'][0...-1]
```

马上就能在右边看到编译后的JavaScript：

```
console.log(['a', 'b', 'c'].slice(0, -1));
```

单击Run（运行）按钮就能在浏览器控制台中看到运行结果["a", "b"]。

如果你想同时看到CoffeeScript和编译后的JavaScript，Try CoffeeScript是不错的选择。但如果你想要更多类似于REPL的体验，以便结合jQuery和Underscore.js等类库一起尝试使用CoffeeScript的话，那就试试JS Console[②]。虽然也有不足之处（到现在它也不支持多行语句），但是它非常灵活，甚至还有支持iPhone的版本！

你可能会对这些控制台的运行速度如此之快感到惊讶。使用基于Web的Ruby或Python的控制台时，要知道所有的命令必须到远程的服务器上运行，但是这些站点会在你的浏览器上运行CoffeeScript编译器。当然你也可以这么做——请看下一节。

B.2 在 Web 程序中运行 CoffeeScript

如果可以把CoffeeScript直接放到HTML中而不必事先编译为JavaScript是不是很棒？是的，真

① http://getfirebug.com/firebuglite

② http://jsconsole.com/

的可以这么做！

```
<script type="text/coffeescript">
  alert 'Wow, this CoffeeScript is right in your HTML!'
</script>
```

唯一的缺点是，需要引入一个特殊版本的CoffeeScript编译器，而它有170 KB之大[①]。

既然这样能够简化开发（我们在第5章的示例项目就使用过这种基于浏览器的编译器），但除非你想创建自己的CoffeeScript控制台，否则不推荐在生产环境中使用这种方式。除了需要加载一个庞大的编译器之外，其他所有的CoffeeScript文件还需要在编译器加载完成后通过Ajax载入。

接下来介绍的几个工具就是为了缩小轻松开发与快速部署之间的差距。

B.3 Rails 中的 CoffeeScript

CoffeeScript对Ruby感激不尽。它的第一个编译器就是用Ruby编写的，最初的一批用户也是Ruby程序员。并且这门语言现在获得了37signals公司杰出Ruby开发者的支持。2011年10月，Rails 3.1通过Sprockets2[②]提供了对CoffeeScript的支持。访问以下网站可获取最新的Sprockets：https://github.com/sstephenson/sprockets。

旧版Rails借助于Barista[③]也能直接集成CoffeeScript：把.coffee文件放到某个目录中，它们在每次页面请求时都会按需自动编译为对应的.js文件。也可以在ERB或Haml模板中嵌入CoffeeScript代码。

Barista更进一步，允许你将CoffeeScript代码打包为gems或者从gems中获取CoffeeScript代码。这是一个将大项目拆成可重用的精简版组件的极佳方式。而且，这还能100%兼容Heroku，只需要扩展therubyracer-heroku即可。therubyracer-heroku是一个能运行于所有Ruby环境中的JavaScript解释器[④]。（这些同样适用于Rails 3.1程序。Barista和Rails 3.1都采用同样的gem来包装CoffeeScript编译器。）[⑤]

Barista（和多数为CoffeeScript整合的Web框架）的一大缺点是，如果代码中有语法错误（编译未通过），则需要等到刷新页面或遇到不标准的JavaScript时才能发现。我为解决这个问题写了一个Growl[⑥]插件来扩展Barista，在CoffeeScript编译失败时，它能给出醒目的提示。

---

① http://jashkenas.github.com/coffee-script/extras/coffee-script.js

② Sprockets是一个Ruby的类库，它可用来编译Web静态资源，且提供静态资源服务。不但支持JavaScript和CSS，还支持CoffeeScript、SCSS和LESS等。——译者注

③ https://github.com/Sutto/barista

④ https://github.com/aler/therubyracer-heroku

⑤ https://github.com/josh/ruby-coffee-script

⑥ https://github.com/TrevorBurnham/barista_growl

B.4 CoffeeScript 中间件

如果服务器能将CoffeeScript的编译透明化，让程序认为自己使用的就是原来的JavaScript是不是更好？是的，我们可以使用中间件——一种在Web框架和服务器中间进行适配的软件，来实现甚至比这更多的愿景！

在Ruby的世界里，可以选择Rack。集成Rack最成熟的框架就是恰如其名的rack-coffee[①]。它兼容Rails、Sinatra以及其他所有主流的Ruby Web框架（尽管从2010年10月开始，Sinatra就已经内置了对CoffeeScript的支持）。最近，之前提到的Barista也经过修改，能够运行在所有基于Rack的框架中，而不单单是Rails。

同时，在Python这块土地上，CoffeeCup[②]为Django、Pylons、CherryPy以及其他无数的基于WSGI的框架提供了第一流的CoffeeScript支持。如果前端和后端具有特殊意义的空白对你来说非常重要，它是个不错的选择。当然，还有一种选择就是使用同一种语言开发前后端。

B.5 Node.js 上的 CoffeeScript

回想下，在Node.js中可以使用`coffee`命令直接运行.coffee文件。因此不需要在后端编译。真正困难的是如何为前端提供编译好的JavaScript代码。

幸好，Connect（Node.js Web框架核心标准）提供了自动完成该工作的中间件。只需要简单设置下就行。按照下面这样的顺序将Connect的`compiler`连到`static`中间件上。（我们在第6章使用过该技巧。）

```
compiler = connect.compiler src: coffeeDir, enable: ['coffeescript']
static = connect.static coffeeDir
connect.createServer compiler, static
```

在本例中，coffeeDir中的.coffee文件会被自动编译然后以.js文件提供。

一些Node框架包含事先配置好的CoffeeScript服务。如Brunch 和Zappa框架。

虽然现在非常流行使用Rails或者Django来开发Web程序，但还是有大量网站根本不需要后端程序。那么，可以利用CoffeeScript（也许同Haml和Sass一起）来开发普通的网站，同时，还能生成与标准兼容的HTML/CSS代码和用于发布的精简的JavaScript代码，这样岂不是更好？

B.6 使用 Middleman 快速建站

好在还有Thomas Reynold的Middleman[③]。如果你已经安装了Ruby或者RubyGems，按照如下

① http://github.com/mattly/rack-coffee

② https://github.com/dsc/coffeecup

③ http://middlemanapp.com/

的方式就能简单地安装和运行Middleman：

```
$ gem install middleman
$ mm-init myProject
$ cd myProject
$ mm-server
```

访问http://localhost:4567，站点已经运行起来了。然后可以修改view目录下的模板代码，然后刷新浏览器查看效果。在发布之前，可以按照需求反复地修改。

Middleman要求CoffeeScript文件必须使用.js.coffee扩展名保存在view文件夹中的某个位置。例如，如果把awesome.js.coffee放在了view/scripts中，则对应的`<script>`标签就应该引用`scripts/awesome.js`。实际上并不存在这个文件——服务器会在每次请求响应时自动生成它。这就意味着每次你修改CoffeeScript代码并刷新浏览器之后，页面获得的JavaScript都是最新的。

准备发布时，你可以直接运行：

```
$ mm-build
```

所需的HTML/CSS/JavaScript会出现在build文件夹中，将该文件夹上传到服务器，你的网站就建好了！

B.7 用CoffeeScript编写系统脚本

本附录结束之前，你是否知道我们还可以使用CoffeeScript来完成通常你会使用Perl或者Python来完成的一些系统任务？只需要在文件开头添加一个组织行，在该行中给出可执行程序coffee的路径即可（很抱歉，使用windows的伙计们，这只能工作在类Unix平台上）：

```
#!/usr/bin/env coffee
console.log 'Hello, world!'
```

首先确保这段脚本可执行（`chmod +x helloscript.coffee`），然后使用`sh helloscript.coffee`或`./helloscript.coffee`命令来运行它（大家熟知的`coffee helloscript.coffee`命令也行）。

记住，只有当系统安装了CoffeeScript编译器并且将其加入到PATH中，该脚本才能运行。

CoffeeScript构建工具生态系统之旅就此结束了。毫无疑问，在撰写本书之际，有很多有意思的项目正在迅速发展！http://github.com/jashkenas/coffee-script/wiki有一个最新的列表，一定要去看看。也可以关注Twitter上的@CoffeeScript，紧盯出现的新玩意儿。

附录 C

JavaScript开发者备忘录

备忘录总结了CoffeeScript的大部分与JavaScript相对应的关键字和操作符。在下面的表格中，Symbol（符号）代表在CoffeeScript中的推荐写法，而Alias（别名）代表其次推荐的替代写法。通常，替代写法与JavaScript中的写法相同。举个例子，在CoffeeScript中，较||来说推荐使用or，虽然两者都允许使用。

偶尔给出的JavaScript代码是稍加简化过的，且在个别情况下会与CoffeeScript有所不同。相应的说明可以在表格下面的表注中找到。

像算术和位操作符这些并没有变化的JavaScript符号，就不在这里提及了。

C.1 布尔操作符

Symbol	Alias	JavaScript
not x	!x	!x
x or y	x || y	x || y
x or= y	x ||= y	x = x || y
x and y	x && y	x && y
x and= y	x &&= y	x = x && y

C.2 存在判断操作符

Symbol	Alias	JavaScript
x?		typeof x != 'undefined' && x !== null
func?()		if (typeof func === 'function') {func()}
x?.y	x.y if x?	typeof x !== 'undefined' && x !== null ? x.y : undefined
x ?= y	x = y unless x?	if (typeof x === 'undefined' || x === null) {x=y}

C.3　上下文和原型访问器

Symbol	Alias	JavaScript
`@`	`this`	`this`
`@x`	`this.x`	`this.x`
`@['x']`	`this['x']`	`this['x']`
`obj::y`	`obj.prototype.y`	`obj.prototype.y`
`Obj::['y']`	`obj.prototype['y']`	`obj.prototype['y']`

C.4　函数定义

Symbol	JavaScript
`func = (a) -> ...`	`func = function(a) {...}`
`func = (a) => ...`	`func = bind(function(a) {...}, this)*`

* bind函数返回了一个包装函数，在该包装函数中以给定的上下文运行对应的函数。参见2.4节中“=>是如何工作的”专题。

C.5　条件句式

Symbol	Alias	JavaScript
`y if x`	`if x then y*`	`if (x) {y}`
`y unless x`	`y if not x`	`if (!x) {y}`
`a = if x then y`	`if x then a = y else a = undefined`	`a = x ? y : undefined`
`a = if x then y else z`	`if x then a = y else a = z`	`a = x ? y : z`
`switch x`		参见4.4节的“多态和类型转换”小节

* 可以使用缩进语法来代替then从句。

C.6　属性检查

Symbol	JavaScript
`x of obj`	`x in obj`
`x in arr`	`arr.indexOf(x) >= 0*`

* CoffeeScript实际上直接借用了Array原型上的indexOf方法。如果Array.prototype.indexOf尚未定义（Internet Explorer 8及后续版本就是），则会使用等价的函数代替。

C.7　迭代

Symbol	Alias	JavaScript
`f() for x of obj`	`for x of obj then f()`	`for (x in obj) {f()}`
`f() for x in arr`	`for x in arr then f()`	`for (var i = 0; i < arr.length; i++) {f()}*`
`f() for x in [a..b]`	`for x in [a..b] then f()`	`for (var i = a; i <= b; i++) {f()}**`
`f() for x in [a...b]`	`for x in [a...b] then f()`	`for (var i = a; i < b; i++) {f()}**`

* 在CoffeeScript中，`arr.length`会被缓存起来，因此循环过程中对数组进行的修改无法对迭代的区间产生影响。

** 假定`a < b`。如果`a > b`，则循环从大到小而不是从小到大地进行迭代。

站在巨人的肩上

Standing on Shoulders of Giants

www.turingbook.com

站在巨人的肩上

Standing on Shoulders of Giants

www.ituring.com.cn